建筑施工特种作业人员培训教材

物料提升机司机

建筑施工特种作业人员培训教材编委会　编写
内蒙古建筑职业技术学院　主编

中国建筑工业出版社

图书在版编目（CIP）数据

物料提升机司机 / 建筑施工特种作业人员培训教材编委会编写；内蒙古建筑职业技术学院主编. — 北京：中国建筑工业出版社，2023.6

建筑施工特种作业人员培训教材

ISBN 978-7-112-28635-5

Ⅰ. ①物… Ⅱ. ①建… ②内… Ⅲ. ①建筑材料—提升车—技术培训—教材 Ⅳ. ①TH241.08

中国国家版本馆 CIP 数据核字（2023）第 069425 号

责任编辑：李　慧

责任校对：张　颖

建筑施工特种作业人员培训教材

物料提升机司机

建筑施工特种作业人员培训教材编委会　编写

内蒙古建筑职业技术学院　主编

*

中国建筑工业出版社出版、发行（北京海淀三里河路 9 号）

各地新华书店、建筑书店经销

北京红光制版公司制版

廊坊市海涛印刷有限公司印刷

*

开本：850 毫米×1168 毫米　1/32　印张：5⅜　字数：144 千字

2023 年 7 月第一版　　2023 年 7 月第一次印刷

定价：**19.00** 元

ISBN 978-7-112-28635-5

（41034）

建筑施工特种作业人员
培训教材编委会

主　　任：高延伟

副 主 任：高　峰　王东升　黄治郁　张长杰　陈　雷
　　　　　李克玉　王春萱　牛建刚

委　　员：王宇旻　金　强　张丽娟　施建平　辛　平
　　　　　陆　凯　张　莹　刁文鹏　张振涛　王志超
　　　　　许惠铭　金鹤祥　屈辉铁　胡　慎　吴　伟
　　　　　卢达洲　吴震芳　张　顺　陈定淮　许四堆
　　　　　曹秀兰　郑国术　陈世教　王文琪　张　静

本书编委会

主　　编：王文琪　张　静

副 主 编：王栓巧　罗　丹　贺殿民

前　言

建筑施工是高危行业之一，从事建筑施工的作业人员按照规定分为施工升降机司机、物料提升机司机等若干工种，其安全生产管理一直受到政府的高度重视。建筑施工特种作业人员是指在房屋建筑和市政工程施工活动中，从事可能对本人、他人及周围设备设施的安全造成重大危害作业的人员。为加强对建筑施工特种作业人员的管理，防止和减少生产安全事故，全面推进建设行业职业技能培训与鉴定工作，提高建设行业操作人员队伍素质，根据住房和城乡建设部办公厅关于实施《危险性较大的分部分项工程安全管理规定》的要求，结合《建筑施工特种作业人员安全技术考核大纲》、《建筑施工特种作业人员安全操作技能考核标准》等相关规定，编写了《物料提升机司机》培训教材，力求做到图文结合，简明扼要、通俗易懂、通用性强。本教材适用于建筑业物料提升机司机初级、中级和高级的培训要求，也可供建筑物料提升机司机人员自学和继续教育之用。

本教材共有三章内容，包括专业基础知识、专业技术理论、安全操作技能，介绍了物料提升机司机必须掌握的基础知识、安全知识、专业知识和相关技能知识，旨在帮助其全面提高知识水平和实际操作能力。

本书由内蒙古建筑职业技术学院王文琪、张静主编，王栓巧、罗丹副主编。参加各章编写的人员还有内蒙古建筑职业技术学院贺殿民、田春雨、刘海智、姜莉、贾磊、李桂丹。

本书编写的过程中得到了内蒙古建筑职业技术学院和内蒙古自治区建设劳务管理服务中心、内蒙古特种设备检验研究院的大力支持。

由于本书所涉及的知识面较广，加之篇幅有限，在编写过程中未能融入更多的知识，有不足之处，欢迎读者提出宝贵意见和建议。在编写过程中参考了大量相关文献资料，对这些资料的编作者，一并表示感谢！

目　录

第一章　物料提升机专业基本知识

第一节　概　　述

建筑工地用于物料垂直运输的起重机械，一种常用的便是物料提升机，它在很多建筑工程上被广泛应用，因为其具有结构简单，易制造维修、安拆方便的特点。

新中国成立初期，生产力落后，建筑规模较小，建筑施工基本以人拉肩扛为主，很少用到建筑起重机械。在施工中，曾经用木料、竹料搭设的架体，人工牵拉作为动力搭设简单起重机械，以解决起重问题，这是物料提升机的雏形。之后随着我国工业的发展，设备技术的提高，20 世纪 60 年代开始，出现了起重量较大的物料提升机，但是其结构仍然比较简单，电气控制及安全装置也很不完善，普遍使用扳把式倒顺开关及挂钩式、弹闸式防坠落装置，操作时无良好的点动功能，就位不准。20 世纪 70 年代初，随着钢管扣件式脚手架的推行，出现了用钢管扣件搭设架体，使用缆风绳稳固的简易井架，虽然装拆十分方便，但架体刚度和承载能力较低，一般仅用于七层以下的多层建筑。井架物料提升机的卷扬机和架体是分立管理的，架体作为周转器材管理，卷扬机作为动力设备管理，随着建筑市场规模的日益扩大，逐步出现了双立柱和三立柱的龙门架物料提升机。为了提高物料提升机的安全程度和起重能力，20 世纪 80 年代逐步淘汰了钢管和扣件搭设的物料提升机，开始采用型钢以刚性方式连接架设。20 世纪 90 年代初，建设部颁布了第一部物料提升机的行业标准《龙门架及井架物料提升机安全技术规范》JGJ 88—1992，从设计制造、安装检验到使用管理，尤其是安全装置方面做出了较全面的规定。

经过几十年的发展，尤其一系列技术规范实施以来，建筑施工的物料提升机的结构及性能都有了较大提高，应用范围越来越广，但规范化的生产体系尚未建立，企业自制和小企业非规范化生产的痕迹较重，产品质量参差不齐，安装、使用以及维修保养过程中存在诸多问题。随着建筑业的飞速发展，对物料提升机的可靠性和安全性提出了越来越高的要求，整机产品的标准化、提升运行的快速化，架体组装的规范化和安全装置的完善性成为今后的发展方向。

第二节　物料提升机的类型

一、按架体结构分类

物料提升机按架体结构形式分为井架式物料提升机和龙门架式物料提升机。

井架式物料提升机(图 1-1)安装拆卸更方便，如果配合附墙

图 1-1　井架式物料提升机

装置，使用高度可达到150m；但由于其结构强度及吊笼空间的限制，只能用于载荷较小的场合，额定重量一般不超过1000kg。

龙门架式物料提升机（图1-2）配备较大的吊笼，用于载重量较大的场合，一般额定重量为800～2000kg；但因其刚度和稳定性较差，提升高度一般在30m以下。

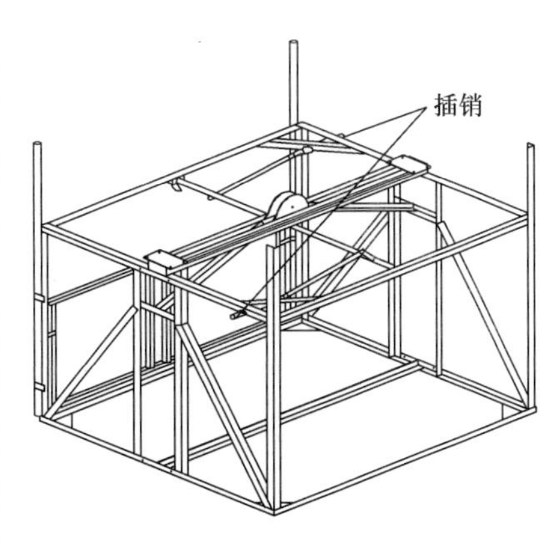

图1-2 龙门架式物料提升机吊笼

二、按吊笼数量和安装位置分类

1. 按吊笼数量分类

根据吊笼数量不同，物料提升机有单笼和双笼之分。单笼龙门架物料提升机由两根立柱和一根天梁组成，吊笼可在两立柱间上下运行。单笼井架物料提升机，其吊笼位于井架体的内部或一侧。如图1-3～图1-6所示。

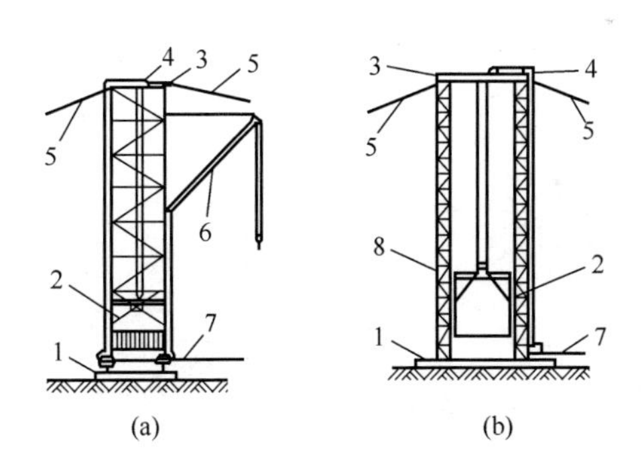

图1-3 单笼井架及单笼龙门物料提升机

（a）单笼井架物料提升机；（b）单笼龙门架物料提升机

1—基础；2—吊笼；3—天梁；4—滑轮；5—缆风绳；6—摇臂拔杆；7—卷扬钢丝绳；8—立柱

图 1-4　双导柱单吊笼物料提升机

图 1-5　单导柱单吊笼物料提升机

双笼龙门架物料提升机一般由三根立柱和两根横梁组成，两个吊笼分别在立柱的两个空间中做垂直运行；双笼井架物料提升机的两个吊笼分别位于井架架体的两侧，如图 1-7 所示。

图 1-6　单导柱双吊笼物料提升机

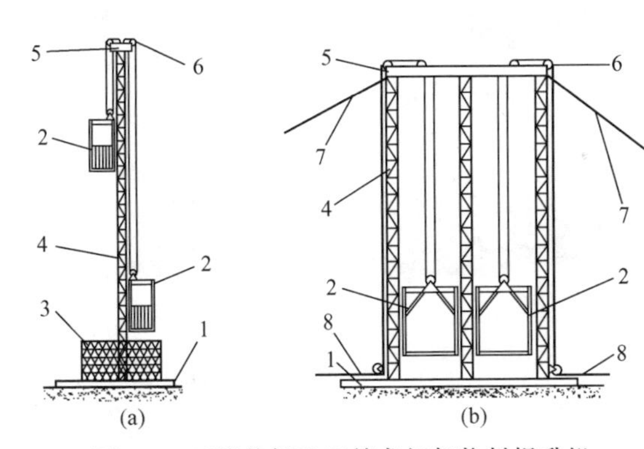

图 1-7　双笼井架及双笼龙门架物料提升机

(a) 双笼井架物料提升机；(b) 双笼龙门架物料提升机

1—基础；2—吊笼；3—防护围栏；4—立柱；5—天梁；

6—滑轮；7—缆风绳；8—卷扬钢丝绳

2. 按吊笼位置分类

根据吊笼位置不同分为外置式物料提升机和内置式物料提升机。

外置式井架方便进出料，相较于内置式井架，架体的刚度和稳定性较低，同时拆装时也相对烦琐；在运行中架体会产生偏心载荷，因此对井架架体的材料、结构和安装均有较高的要求，可参照升降机将架体制成类似的标准节，既便于安装又可提高连接强度。

内置式井架的架体因为有较大的截面供吊笼升降，且吊笼位于内部，架体受力均衡，因此具有较好的刚度和稳定性。由于进出料处要受缀杆的阻挡，常常需要拆除一些缀杆和腹杆，此时各层面与通道连接的开口处都须进行局部加固。如图 1-8 所示。

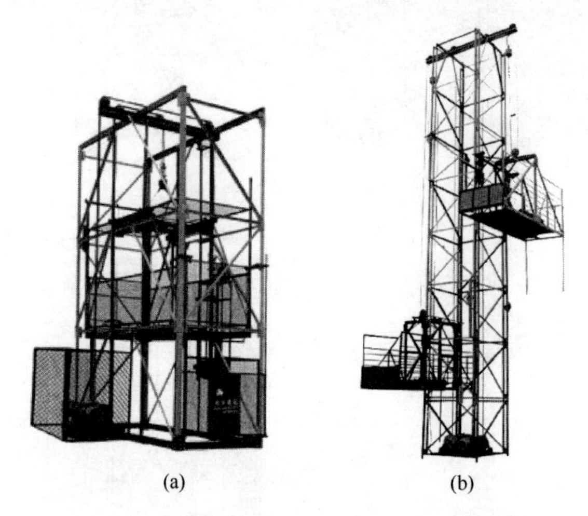

(a) (b)

图 1-8 内置式及外置式物料提升机

(a) 内置式；(b) 外置式

三、按提升高度分类

按提升高度分为低架物料提升机和高架物料提升机。

提升高度 30m 以下（含 30m）为低架物料提升机，提升高度 31～150m 为高架物料提升机。这两种提升机在设计制造、基础安装和安全装置设置等方面具有不同要求。低架式和高架式分别用于不同高度的建筑，低架物料提升机用于多层建筑，高架物料提升机可用于高层建筑。物料提升机只能载货不可载人，而高层建筑施工现场必须保证施工者的活动，故一般使用施工升降机。提升高度为 80m 以上的物料提升机在实际工程中很少使用。

四、按提升机构驱动原理分类

传统的物料提升机均采用地面卷扬机驱动牵引，但最近几年摩擦曳引技术也出现在了物料提升机上。摩擦曳引技术在安全、节能方面具有不可替代的优势。采用摩擦曳引传动的物料提升机，其基本原理是：用 3～4 根钢丝绳两端分别挂吊笼和对重块，用曳引轮的摩擦力驱动，其动力消耗是同样起重量的卷扬机牵引方式的一半。

五、物料提升机的型号

物料提升机型号说明如图 1-9 所示。物料提升机的基本参数见表 1-1，分类代号见表 1-2。

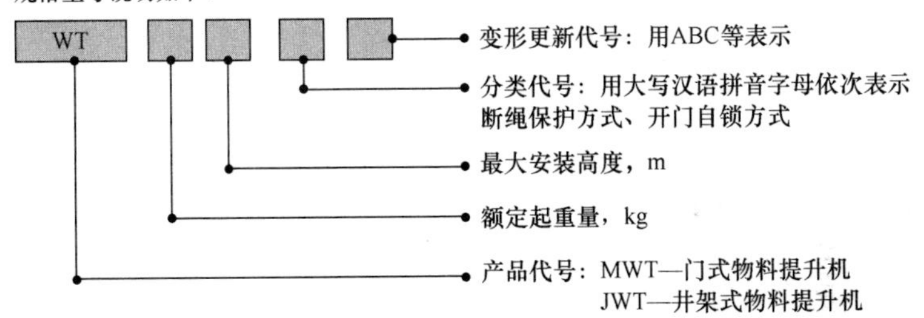

图 1-9　物料提升机型号说明

物料提升机的基本参数　　**表 1-1**

项目		单位	基本参数
最大安装高度	门式	m	33
	井架式		70
最大提升高度	门式	m	30
	井架式		67
额定起重量		kg	500 600 800 1000 1600 2000
提升额定速度	门式	m/min	20～30
	井架式		20～45

物料提升机的分类代号 **表 1-2**

<table>
<tr><th>分类方法</th><th colspan="2">类型</th><th>分类代号</th></tr>
<tr><td rowspan="2">架体构造</td><td colspan="2">门式</td><td>M</td></tr>
<tr><td colspan="2">井架式</td><td>J</td></tr>
<tr><td rowspan="3">断绳保护装置</td><td colspan="2">插块式</td><td>C</td></tr>
<tr><td colspan="2">楔块式</td><td>X</td></tr>
<tr><td colspan="2">偏心轮式</td><td>P</td></tr>
<tr><td rowspan="3">开门自锁方式</td><td rowspan="2">机械连锁</td><td>手动拉杆式</td><td>S</td></tr>
<tr><td>开门联动式</td><td>K</td></tr>
<tr><td colspan="2">电气联锁</td><td>D</td></tr>
</table>

第二章　物料提升机专业技术理论

第一节　物料提升机常用起重索具和吊具

一、钢丝绳

钢丝绳是起重作业中必备的重要部件，广泛用于捆绑物体以及起重机构中。钢丝绳通常由多根钢丝捻成绳股，再由多股绳股围绕绳芯捻制而成，具有强度高、自重轻、弹性大等特点，能承受振动荷载，能卷绕成盘，能在高速下平稳运动且噪声小。

1. 钢丝绳的构造与分类

钢丝绳至少有两层钢丝围绕一个中心钢丝或多个股围绕一个绳芯螺旋捻制而成的结构，分为多股钢丝绳和单捻钢丝绳。如图 2-1所示。

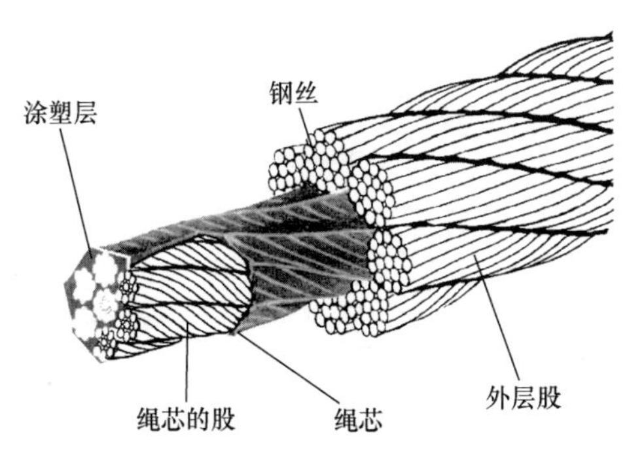

图 2-1　钢丝绳基本组成

1）钢丝绳的构造

按照股中相邻层钢丝的接触状态，钢丝绳分为点接触钢丝绳、线接触钢丝绳和面接触钢丝绳三种基本结构形式。

（1）点接触钢丝绳：点接触钢丝绳的各层钢丝直径相同，但各层螺距不等，所以钢丝互相交叉形成点接触，在工作中接触应力很高，钢丝易磨损折断，不作为重要用途使用，如图 2-2 所示。

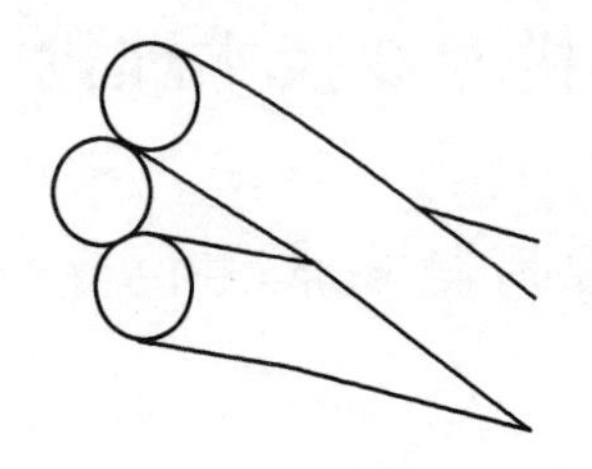

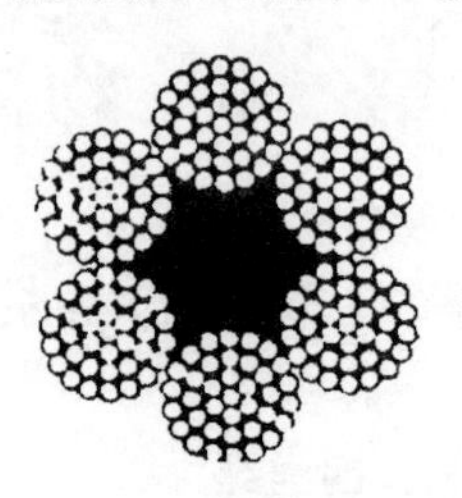

图 2-2　点接触钢丝绳及股

点接触钢丝绳的典型结构有 6×19＋FC（IWR、IWS）、6×37＋FC（IWR、IWS）、6×61＋FC（IWR、IWS）、6×24＋7FC 等。

（2）线接触钢丝绳：线接触钢丝绳的股内钢丝粗细不同，将细钢丝置于粗钢丝的沟槽内，粗细钢丝间呈线接触状态。由于线接触钢丝绳接触应力较小，钢丝绳寿命长，同时挠性增加。由于线接触钢丝绳较为密实，所以相同直径的钢丝绳，线接触钢丝绳破断拉力大些。根据股的构造原理不同，线接触股的基本结构有 3 种：西鲁式（又称粗细式），代号 S；瓦林吞式（又称外粗式），代号 W；填充式，代号 Fi。如图 2-3 所示。

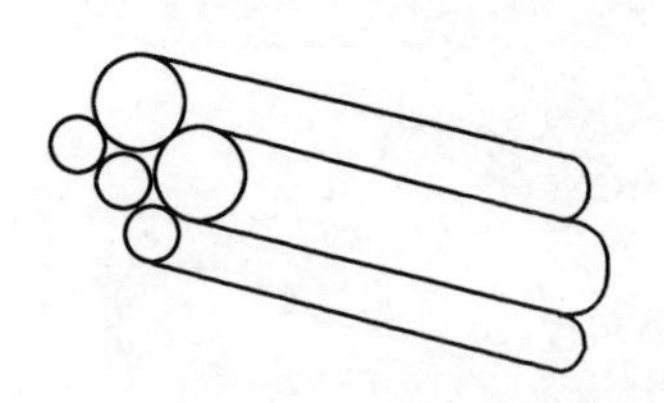

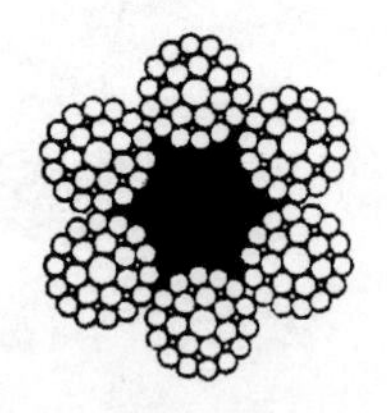

图 2-3　线接触钢丝绳及股

西鲁式（S）钢丝的排列中，内层和外层的钢丝数目相等。结构式为 1＋N＋N，如 6×19S 结构。瓦林吞式（W）钢丝的排列中，外层钢丝数目是内层钢丝数目的两倍，外层钢丝一大一小交替排列。结构式为 1＋N＋N/N，如 6×19W 结构。填充式（Fi）钢丝的排列中，在内层和外层钢丝之间填充了比较细的、根数与内层相同的钢丝。结构式为 1＋N＋N F＋2N，如 6×25Fi 结构。如图 2-4 所示。

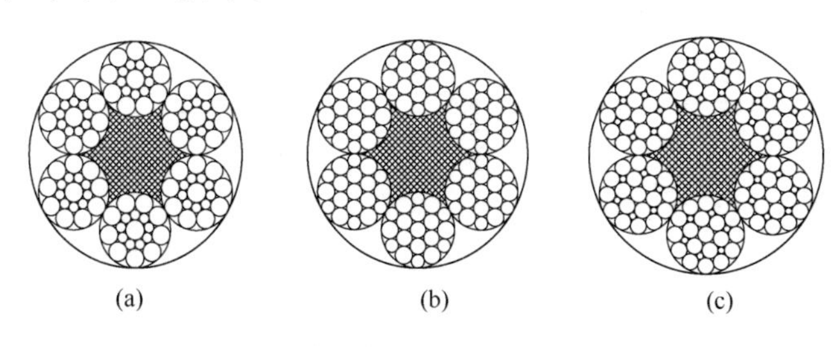

图 2-4 线接触钢丝绳股的基本结构

(a) 6×19S（粗细式）；(b) 6×19W（外粗式）；(c) 6×25 Fi（填充式）

线接触钢丝绳的典型结构有：6×19S＋FC(IWR、IWS)、6×19W＋FC(IWR、IWS)、6×25Fi＋FC(IWR、IWS)、6×29Fi＋FC(IWR、IWS)等。

（3）面接触钢丝绳：钢丝绳在捻股时，股绳经过模拔、轧制或锻打等压实加工的钢丝绳，股的直径变小，股表面变得平滑，钢丝之间的接触线变平。股中每一层钢丝及层与层之间的钢丝都以螺旋面互相接触，它是以线接触结构基础上形成的。其优点是外表光滑，抗腐蚀和耐磨性好，能承受较大的横向力，更适合于多层卷取的应用场合。

2）钢丝绳的分类

钢丝绳种类很多，按《重要用途钢丝绳》GB/T 8918—2006，钢丝绳分类如下：

（1）按绳和股的断面、股数和股外层钢丝绳的数目分类，见表 2-1。

① 圆股钢丝绳股的截面形状为圆形，其制造方便，在起重机械和起重作业中使用最为广泛，最常用的是 6×19 类和 6×37 类钢丝绳。常见的断面形式如图 2-5、图 2-6 所示。

钢丝绳分类 表 2-1

组别	类别		分类原则	典型结构		直径范围
				钢丝绳	股绳	mm
1	圆股钢丝绳	6×7	6个圆股，每股外层丝可到7根，中心丝（或无）外捻制1～2层钢丝，钢丝等捻距	6×7 6×9W	(1+6) (3+3/3)	8～36 14～36
2	圆股钢丝绳	6×19	6个圆股，每股外层丝8～12根，中心丝外捻制2～3层钢丝，钢丝等捻距	6×19S 6×19W 6×25Fi 6×26WS 6×31WS	(1+9+9) (1+6+6/6) (1+6+6F+12) (1+5+5/5+10) (1+6+6/6+12)	12～36 12～40 12～44 20～40 22～46
3	圆股钢丝绳	6×37	6个圆股，每股外层丝14～18根，中心丝外捻制3～4层钢丝，钢丝等捻距	6×29Fi 6×36WS 6×37S（点线接触） 6×41WS 6×49SWS 6×55SWS	(1+7+7F+14) (1+7+7/7+14) (1+6+15+15) (1+8+8/8+16) (1+8+8+8/8+16) (1+9+9+9/9+18)	14～44 18～60 20～60 32～56 36～60 36～64
4	圆股钢丝绳	8×19	8个圆股，每股外层丝8～12根，中心丝外捻制2～3层钢丝，钢丝等捻距	8×19S 8×19W 8×25Fi 8×26WS 8×31WS	(1+9+9) (1+6+6/6) (1+6+6F+12) (1+5+5/5+10) (1+6+6/6+12)	20～44 18～48 16～52 24～48 26～56

续表

组别	类别		分类原则	典型结构		直径范围
				钢丝绳	股绳	mm
5	圆股钢丝绳	8×37	8个圆股，每股外层丝14～18根，中心丝外捻制3～4层钢丝，钢丝等捻距	8×36WS 8×41WS 8×49SWS 8×55SWS	(1+7+7/7+14) (1+8+8/8+16) (1+8+8+8/8+16) (1+9+9+9/9+18)	22～60 40～56 44～64 44～64
6	圆股钢丝绳	18×7	钢丝绳中有17或18个圆股，每股外层丝4～7根，在纤维芯或钢芯外捻制2层股	17×7 18×7	(1+6) (1+6)	12～60 12～60
7	圆股钢丝绳	18×19	钢丝绳中有17或18个圆股，每股外层丝8～12根，钢丝等捻距钢丝等捻距，在纤维芯或钢芯外捻制2层股	18×19W 18×19S	(1+6+6/6) (1+9+9)	24～60 28～60
8	圆股钢丝绳	34×7	钢丝绳中有34～36个圆股，每股外层丝可到7根，在纤维芯或钢芯外捻制3层股	34×7 36×7	(1+6) (1+6)	16～60 20～60
9	圆股钢丝绳	35W×7	钢丝绳中有24～40个圆股，每股外层丝4～8根，在纤维芯或钢芯（钢丝）外捻制3层股	35W×7 24W×7	(1+6)	16～60

续表

组别	类别		分类原则	典型结构		直径范围
				钢丝绳	股绳	mm
10	异形股钢丝绳	6V×7	6个三角形股，每股外层丝7～9根，三角形股芯外捻制1层钢丝	6V×18 6V×19	(/3×2+3/+9) (/1×7+3/+9)	20～36 20～36
11	异形股钢丝绳	6V×19	6个三角形股，每股外层丝10～14根，三角形股芯或纤维芯外捻制2层钢丝	6V×21 6V×24 6V×30 6V×34	(FC+9+12) (FC+12+12) (6+12+12) (/1×7+3/+12+12)	18～36 18～36 20～38 28～44
12	异形股钢丝绳	6V×37	6个三角形股，每股外层丝15～18根，三角形股芯外捻制2层钢丝	6V×37 6V×37S 6V×43	(/1×7+3/+12+15) (/1×7+3/+12+15) (/1×7+3/+15+18)	32～52 32～52 38～58
13	异形股钢丝绳	4V×39	4个扇形股，每股外层丝15～18根，纤维股芯外捻制3层钢丝	4V×39S 4V×48S	(FC+9+15+15) (FC+12+18+18)	16～36 20～40
14	异形股钢丝绳	6Q×19+6V×21	钢丝绳中有12～14个股，在6个三角形股外，捻制6～8个椭圆股	6Q×19+6V×21 6Q×33+6V×21	外股(5+14) 内股(FC+9+12) 外股(5+13+15) 内股(FC+9+12)	40～52 40～60

注1. 13组及11组中异形股钢丝绳中6V×21、6V×24结构仅为纤维绳芯，其余组别的钢丝绳，可由需方指定纤维芯或钢芯。

注2. 三角形股芯的结构可以相互代替，或改用其他结构的三角形股芯，但应在订货合同中注明。

注3. 钢丝绳的主要用途推荐，参见附录D（资料性附录）。

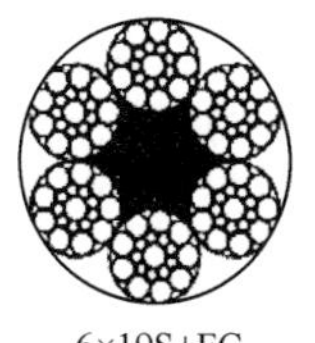

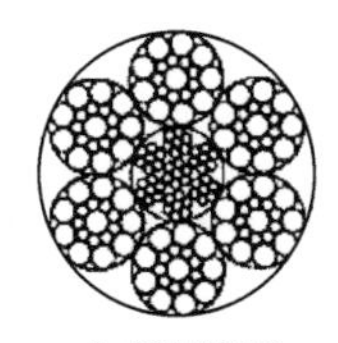

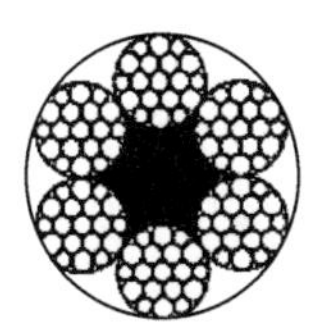

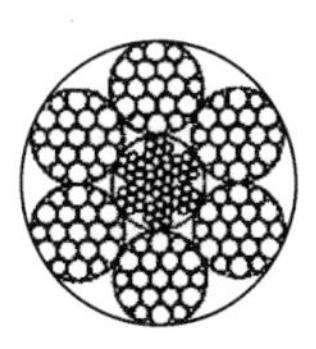

图 2-5　部分 6×19 类钢丝绳断面图

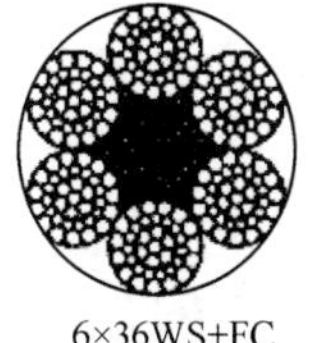

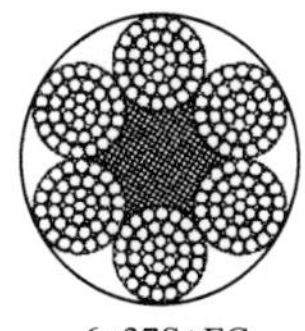

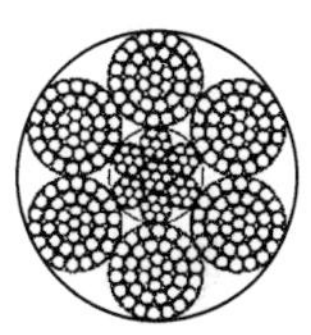

图 2-6　部分 6×37 类钢丝绳断面图

② 异形股钢丝绳股的截面形状不同，有三角股（V）、椭圆股（Q）和扁股（R）等，其特点是接触表面比普通钢丝绳大3～4 倍，耐磨性好，不易断丝，在相同的绳径和强度下，破断拉力大于圆股钢丝绳，使用寿命比普通钢丝绳高。

（2）按钢丝绳绕捻方法不同，分为右交互捻（zS）、左交互捻（sZ）、右同向捻（zZ）、左同向捻（sS）四种，如图 2-7 所

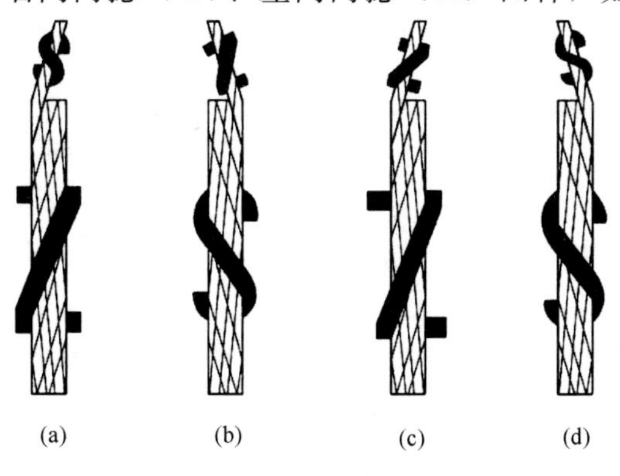

图 2-7　钢丝绳按捻法分类

(a) 右交互捻（zS）；(b) 左交互捻（sZ）；(c) 右同向捻（zZ）；(d) 左同向捻（sS）

示。钢丝绳（或股）捻向，是指股在绳中（或丝在股中）捻制的螺旋线方向。

判定方法：将绳（或股）垂直放置观察，若股（丝）的螺旋上升方向由左向右升高呈“Z”形的叫右捻；由右向左升高呈“S”形的叫左捻。起重作业中常用右交互捻钢丝绳。

交互捻是指钢丝制成股的方向和股制成绳的方向不同，分为右交互捻和左交互捻。交互捻钢丝绳僵性较大，强度高，不易松散打结，但寿命较短，吊装作业和起重机的起升机构多采用交互捻。

同向捻是指钢丝捻制成股的方向和股制成绳的方向相同，分为股和绳同为右向称为右同向捻和左同向捻。同向捻钢丝绳表面平滑，挠性好，磨损小，使用寿命长，但吊重时易松散打结，适用于牵引、捆扎等场合。

（3）按钢丝绳绳芯材料不同，分为麻芯、石棉芯和钢芯钢丝绳三种。麻芯的钢丝绳比较柔软，容易弯曲，但不能在较高的温度下工作和受到重压；石棉芯的钢丝绳可在较高温度下工作，但不能重压；钢芯的钢丝绳可耐重压并可在高温下工作，但是钢丝绳太硬，不易弯曲。一般起重工作绳索大多是麻芯的，手拉葫芦的钢丝绳是金属绳芯的，主要为了承载耐压。

常用的钢丝绳芯的代号：

FC—纤维芯；NF—天然纤维芯；SF—合成纤维芯；

IWR—金属丝绳芯；WS—钢丝股芯；IWR—独立钢丝绳芯。

（4）按钢丝表面状态分为光面钢丝绳和镀锌钢丝绳。镀锌分为热镀锌和电镀锌两种方式，锌层厚度级别有 A 类（厚镀锌）、AB 类（中厚镀锌）、B 类（薄镀锌）之分。钢丝绳规格型号见表 2-1。

2. 钢丝绳的选用和计算

1）钢丝绳的标记

钢丝绳的标记按《钢丝绳　术语、标记和分类》GB/T 8706—

2017 规定标记。钢丝绳标记代号应按下列顺序标明：尺寸、钢丝的表面状态、结构形式、钢丝的抗拉强度、捻向、最小破断拉力、单位长度重量、产品标准号。

h. 产品标准号。

[示例 1]

18	NAT	6×19S	+	NFC	1770	sS	189	119	GB/T 8918—2006
①	②	③		④	⑤	⑥	⑦	⑧	⑨

① 尺寸（公称直径为 18mm）；

② 钢丝的表面状态（光面）；

③+④结构形式（西鲁式+天然纤维芯）；

⑤ 钢丝的公称抗拉强度（1770MPa）；

⑥ 捻向（左同向捻）；

⑦ 最小破断拉力（189kN）；

⑧ 单位长度重量（119kg/100m）；

⑨ 产品标准编号。

[示例 2]

22	NAT	6×36W	+	FC	1770	zS	GB/T 20118—2017
①	②	③		④	⑤	⑥	⑦

① 尺寸（公称直径为 22mm）；

② 钢丝的表面状态（光面）；

③+④结构形式（瓦林吞式+麻芯）；

⑤ 钢丝的公称抗拉强度（1770MPa）；

⑥ 捻向（右交互捻）；

⑦ 产品标准编号。

2）钢丝绳的选用

（1）安全系数

在钢丝绳受力计算和选择钢丝绳时，考虑到钢丝绳受力不均、负荷不准确、计算方法不精确和使用环境较复杂等一系列不利因素，确定钢丝绳的受力时必须考虑一个系数，这个系数就是钢丝绳的安全系数。起重用钢丝绳必须预留足够的安全系数，应基于下列因素确定：

① 钢丝绳的磨损、锈蚀、尺寸误差和制造质量缺陷等带来的影响；

② 吊重时的超载影响；

③ 钢丝绳在绳槽中反复弯曲而造成的危害影响；

④ 由于钢丝绳通过滑轮槽时的摩擦阻力作用；

⑤ 钢丝绳的固定强度达不到钢丝绳本身的强度；

⑥ 吊索及吊具的超重影响；

⑦ 由于惯性及加速作用而造成的附加载荷。

钢丝绳的安全系数见表 2-2。

钢丝绳的安全系数　　表 2-2

用途	安全系数	用途	安全系数
缆风绳、拖拉绳	3.5	吊索（无弯曲时）	6～7
手动起重设备跑绳	4.5	用作捆绑吊索	8～10
机动起重设备跑绳	5～6	用作载人的升降机	14

（2）选用原则

钢丝绳的选用应遵循下列原则：

① 有较好的耐磨性；

② 能保证钢丝绳在受力情况下不发生扭转；

③ 必须有产品检验合格证；

④ 能承受所要求的拉力，保证足够的安全系数；

⑤ 与使用环境相适应，有机芯易燃，不能用于高温场合，高温或多层缠绕的场合宜选用金属芯；高温、腐蚀严重的场合宜选用石棉芯；

⑥ 能承受反复弯曲和振动作用。

（3）常用钢丝绳的类型及选用

建筑施工现场起重作业中常用钢丝绳的类型及选用见表 2-3。

钢丝绳类型及选用　　　　表 2-3

序号	钢丝绳类型	一般适宜选用的场合
1	6×19+1 钢丝绳	用作缆风绳、拉索，即用于钢丝绳不受弯曲或可能遭受磨损的地方
2	6×37+1 钢丝绳	用于滑车组中，即绳子承受弯曲时采用，作为穿绕滑车组起重绳等
3	6×61+1 钢丝绳	用于滑车组中，即绳子承受弯曲时采用，作为穿绕滑车组起重绳等

3）钢丝绳的计算

在施工现场起重作业中，已知物品重量选用钢丝绳或利用现场钢丝绳起吊一定重量的物品，必须在钢丝绳的允许拉力范围内。因为钢丝绳的允许拉力与其最小破断拉力、工作情况和安全系数有关。因此，根据现场情况计算钢丝绳的受力，对于选用合适的钢丝绳显得尤为重要。

（1）钢丝绳的最小破断拉力

钢丝绳的最小破断拉力与钢丝绳的直径、结构（几股几丝及芯材）及钢丝的强度有关，是钢丝绳最重要的力学性能参数，其计算公式如下：

$$F_0 = K' \times D^2 \times R_0 / 1000 \tag{2-1}$$

式中　F_0——钢丝绳最小破断拉力（kN）；

R_0——钢丝绳公称抗拉强度（MPa）；

D——钢丝绳公称直径（mm）；

K'——某一类别钢丝绳的最小破断拉力系数。

（2）钢丝绳的安全系数

钢丝绳的安全系数可按表 2-2 对照现场实际情况进行选择。

（3）钢丝绳的允许拉力

允许拉力是钢丝绳实际工作中所允许的实际载荷，其与钢丝绳的最小破断拉力和安全系数关系式为：

$$[F] = F_0 / K \tag{2-2}$$

式中　$[F]$——钢丝绳允许拉力（kN）；

F_0——钢丝绳最小破断拉力（kN）；

K——钢丝绳的安全系数。

【例 2-1】 一规格为 6×37S+FC，钢丝绳的公称抗拉强度为 1570MPa，直径为 28mm，用作捆绑吊索，需要承受的载荷为 40kN，试计算其破断拉力。

【解】 已知钢丝绳规格为 6×19S+FC，公称抗拉强度为 1570MPa，$D=28$mm。查《重要用途钢丝绳》GB 8918—2006 表 11 可知，该钢丝绳的最小破断拉力 $F_0=406$kN。

查表 2-2 知，$K=8$，根据式（2-2）计算该钢丝绳允许的最大承载拉力：

$$[F]=F_0/K=406/8=50.75\text{kN}$$

因 $$[F]=50.75\text{kN}>40\text{kN}$$

故用该钢丝绳作吊索承载 40kN 的载荷是安全的。

3. 钢丝绳的使用和维护

1）钢丝绳的装卸和存储

（1）钢丝绳在装卸时，必须使用适宜的设备卸钢丝绳轮，以免造成绳盘损坏和乱卷现象。

（2）必须在露天存放时，地面上应垫木方，并用防水毡布覆盖。

（3）绳应储存于干燥且有木地板或沥青、混凝土地面的仓库里，以免腐蚀。在堆放时，成卷的钢丝绳应竖立放置（即卷轴与地面平行），不得平放。

（4）地面搬运时，钢丝绳不允许在凹凸不平的地面上滚动，以免其表面被压伤。

2）钢丝绳的放绳和解卷

（1）在整卷钢丝绳中引出一个绳头并拉出一部分重新盘绕成卷时，卷绳的引出方向和重新盘绕成卷的绕行应保持一致，不得随意抽取，以免形成圈套和死结。

（2）卷绳时保证第一层钢丝绳贴合紧密，尤其是针对光面钢丝绳，因为第一层是卷其他层钢丝绳的基础，只有第一层贴合紧密，方能在工字轮上缠卷出整齐的钢丝绳。

（3）在钢丝绳松卷和重新缠绕的过程中，应避免钢丝绳与污泥接触，防止钢丝绳生锈。

（4）当由钢丝绳卷直接往起升机构卷筒上缠绕时，应把整卷钢丝绳架在专用的支架上，松卷时的旋转方向应与起升机构卷筒绕绳的方向一致；卷筒绳槽的走向应同钢丝绳的捻向相适应。

（5）多层缠绕时保证有足够的张力。这对于缠绕出良好的钢丝绳是十分重要的，否则下层的钢丝绳比上层的松懈，将导致绳中出现难以估计的损伤。缠卷时的张力最好是钢丝绳破断拉力的1%～2%。

（6）上绳时应防止绳端松动（捻距变大），如出现松动，应适当再上劲恢复原状后卷入绞车滚筒。不正确的安装会降低钢丝绳的使用寿命，使钢丝绳的磨损加速。

（7）钢丝绳严禁与电焊线碰触。

钢丝绳的放绳和解卷如图 2-8 所示。

错误

正确

图 2-8　钢丝绳的放绳和解卷

3）钢丝绳的扎结与截断

在截断钢丝绳时，最好使用无齿锯切割，切割时需要往切口处喷水降温。截断钢丝绳时，要在截分处进行扎结，扎结绕向必须与钢丝绳股的绕向相反，扎结须紧固，防止钢丝绳在断头处松开。如图 2-9 所示。

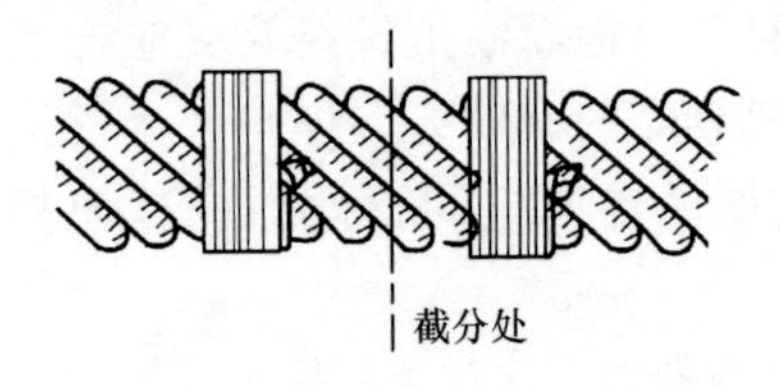

图 2-9 钢丝绳的扎结与截断

钢丝绳的扎结宽度一般遵循下列原则：

（1）直径为 15～24mm，缠扎宽度应不小于 25mm；

（2）直径为 25～30mm 的钢丝绳，扎结宽度应不小于 40mm；

（3）直径为 31～44mm 的钢丝绳，扎结宽度不得小于 50mm；

（4）直径为 45～51mm 的钢丝绳，扎结宽度不得小于 75mm；

（5）扎结处与截断口之间的距离应不小于 50mm。

4）钢丝绳的固定与连接

钢丝绳与其他零构件连接或固定应注意连接或固定方式与使用要求相符，连接或固定部位应达到相应的强度和安全要求。钢丝绳绳端固定与连接一般分为 5 种，如图 2-10 所示。

（1）编结连接

如图 2-10（a）所示，把钢丝绳端部劈开，去掉麻芯，然后与自身编织成一体，并用细钢丝扎紧。编结长度不小于钢丝绳直径的 15 倍，且不应小于 300mm。此法牢固可靠，连接强度一般不小于钢丝绳破断拉力的 75％。

（2）楔块、楔套连接

如图 2-10（b）所示，钢丝绳一端绕过楔块，利用楔块在套筒内的锁紧作用使钢丝绳固定，固定处的强度约为绳自身强度的 75％～85％。楔套应用钢材制造，连接强度不小于 75％钢丝绳破断拉力。不适合受冲击载荷的情况。

（3）锥形套浇铸法

如图 2-10（c）所示，先将钢丝绳拆散，切去绳芯后插入锥

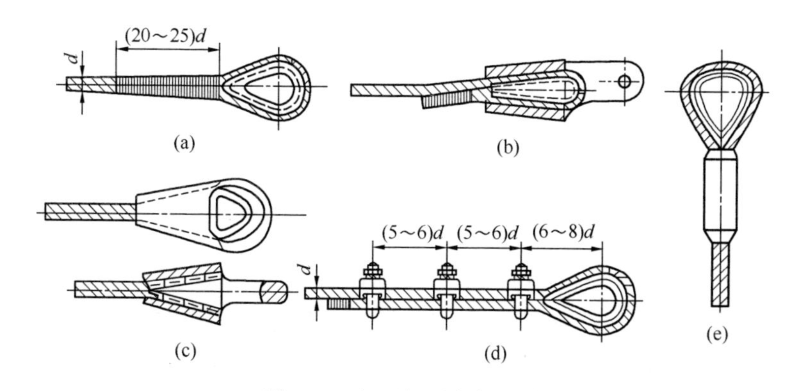

图 2-10　钢丝绳固定与连结

（a）编结连接；（b）楔块、楔套连接；（c）锥形套浇铸法；（d）绳夹连接；（e）铝合金套压缩法

套内，再将钢丝绳末端弯成钩状，然后灌入熔融的铅液，最后经过冷却即成。连接强度应达到钢丝绳的破断拉力。

（4）绳夹连接

如图 2-10（d）所示，绳夹连接简单、可靠，被广泛应用。用绳夹固定时，应注意绳夹数量、间距、方向和固定处的强度，连接强度不小于钢丝绳破断拉力的 85%，绳夹的数量根据钢丝绳的直径按表 2-4 选取，间距按图 2-10 要求确定。

钢丝绳绳夹数量　　**表 2-4**

绳夹规格（钢丝绳直径，mm）	≤18	18～26	26～36	36～44	44～60
绳夹最少数量（个）	3	4	5	6	7

（5）铝合金套压缩法

如图 2-10（e）所示，应用可靠的工艺方法使铝合金套与钢丝绳紧密紧固地贴合，连接强度应达到钢丝绳的破断拉力。

5）钢丝绳的维护与保养

（1）钢丝绳在卷筒上，应按顺序整齐排列。

（2）载荷由多根钢丝绳支承时，应设有多根钢丝绳受力的均衡装置。吊装角度不超过60°。

(3) 安装钢丝绳时，拖线的地方应洁净，不可绕在其他的物体上，防止碾压和过度弯曲。

(4) 起升高度较大的起重机，宜采用不旋转、无松散倾向的钢丝绳。采用其他钢丝绳时，应有防止钢丝绳和吊具旋转的装置或措施。

(5) 对日常使用的钢丝绳每天都应进行检查，包括对端部的固定连接、平衡滑轮处的检查，并做出安全性的判断。

(6) 应防止因损伤、腐蚀或其他物理、化学因素造成的性能降低。

(7) 钢丝绳在使用过程中，如出现长度不够时，必须采用卸扣连接，禁止用钢丝绳头穿细钢丝绳的方法接长吊运物件，避免由此产生的剪切力。

(8) 钢丝绳穿用的滑车，其边缘不应有破裂和缺口。

(9) 要定期涂刷保护油。对长期使用的钢丝绳，至少每隔4个月要涂刷一次；对短期使用，使用时间不超过一年的，原则上使用前涂刷一次。

(10) 起升机构和变幅机构，不得使用编结接长的钢丝绳。使用其他方法接长钢丝绳时，必须保证接头连接强度不小于钢丝绳破断拉力的90％。通过滑轮的钢丝绳不得有接头。

(11) 当吊钩处于工作位置最低点时，钢丝绳在卷筒上的缠绕，除固定绳尾的圈数外，不得少于3圈。

(12) 钢丝绳在使用过程中不要和其他物件相摩擦，更不应与钢板的边缘斜拖，以免钢板的棱角割断钢丝绳，直接影响钢丝绳的使用寿命。

(13) 钢丝绳应保持良好的润滑状态，钢丝绳每年应浸油一次。

(14) 钢丝绳通过架空输电线上方时，应搭设牢固的竹（木）过线桥架。在架空电线的一侧或下方工作时，钢丝绳与架空输电线的安全距离应符合表2-5的规定。

丝绳与架空输电线的安全距离　　表 2-5

输电导线电压（kV）	1 以内	1～15	20～40	60～110	220 以内
安全距离（m）	1.5	3	4	5	6

（15）钢丝绳开卷时，应防止打结或扭曲；钢丝绳切断时，应有防止绳股散开的措施。

4. 钢丝绳的检查

钢丝绳使用一段时间后就会出现磨损、断丝现象。钢丝绳受到突加负载后，滑轮、绳槽和卷筒部分的钢丝绳容易损坏。使用、储存不当，也可能造成钢丝绳的扭结、退火、变形、锈蚀、表面硬化和松捻等。检查的方法可采取人工目测检查和卡尺测量直径检查，也可采用钢丝绳电磁无损检测 LMA 和 LF 检测法。

1）钢丝绳外部检查

（1）直径检查

直径是钢丝绳极其重要的参数，通过对直径测量，可以反映该处直径的变化速度、钢丝绳是否受到过较大的冲击载荷、捻制时股绳张力是否均匀一致、绳芯对股绳是否保持了足够的支撑能力。

检查方法是用卡尺量取钢丝绳外层股顶部轮廓圆的直径（图 2-11）。在要测量的钢丝绳部位间隔 1m 左右选取三点，每一点在水平和垂直方向各测量一直径值，取平均值。测量的三点直径值取最小的代表此部位的直径或将这三点分别记录。

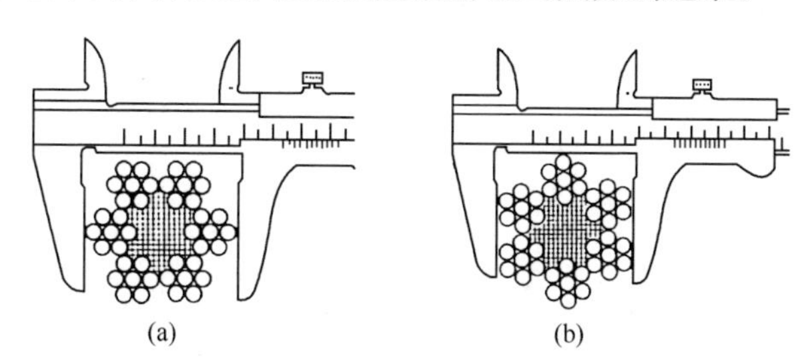

图 2-11　钢丝绳直径测量方法

（a）正确；（b）错误

（2）磨损检查

对钢丝绳磨损检查，可以反映出钢丝绳与匹配轮槽的接触状况，在无法随时进行性能试验的情况下，根据钢丝绳磨损程度的大小推测钢丝绳实际承载能力。测量方法详见直径测量，还可采用电磁无损检测 LMA 检测方法。

（3）断丝检查

钢丝绳在使用中会出现断丝现象，通过断丝检查，可以推测钢丝绳继续承载的能力，根据出现断丝根数发展速度，间接预测钢丝绳使用疲劳寿命。外部断丝检查方法可采用目测、手测以及无损检测。目测和手测的方法要先将钢丝绳上的油污用煤油或其他溶剂清洗干净，然后用手握一块棉纱包住钢丝绳并沿着钢丝绳移动棉纱，如棉纱被挂住可目测该处有断丝。无损检测的方法可采用电磁无损检测 LMA 和 LF 检测法。

（4）润滑检查

润滑不仅能够对钢丝绳在运输和存储期间起到防腐保护作用，而且能够减少钢丝绳使用过程中钢丝之间，股绳之间和钢丝绳与匹配轮槽之间的摩擦，可延长钢丝绳使用寿命。在使用过程中，钢丝绳中润滑油脂会流失减少，因此进行润滑检查十分必要。钢丝绳的润滑情况检查主要靠目测。

2）钢丝绳内部检查

对钢丝绳进行内部检查要比进行外部检查困难得多，由于内部损坏隐蔽性更大，因此保证钢丝绳安全使用，必须在适当的部位进行内部检查。

（1）检查的方法

将两个尺寸合适的夹钳相隔 100～200mm 夹在钢丝绳上反方向转动，股绳便会隆起。操作时，必须十分仔细，以避免股绳被过度移位造成永久变形（导致钢丝绳结构破坏）。最好的方法还是采用电磁无损检测 LMA 和 LF 检测法。

（2）检查的内容

小缝隙出现后，用起子之类的探针拨动股绳并把妨碍视线的油脂或其他异物拨开，对内部润滑、钢丝锈蚀、钢丝及钢丝间相互运动产生的磨痕等情况进行仔细检查。特别注意，检查断丝，一定要认真，因为钢丝断头一般不会翘起不容易被发现。检查完毕后，稍用力转回夹钳，使股绳完全恢复到原来位置。如果上述过程操作正确，钢丝绳不会变形。对靠近绳端固定装置的钢丝绳应加以注意，如支持绳或悬挂绳。

3）钢丝绳的其他检查

钢丝绳使用的外部条件，如匹配轮槽的表面磨损情况、轮槽的几何尺寸及转动灵活性进行检查，以保证钢丝绳在运行过程中与轮槽始终处于良好的接触状态、运行摩擦阻力最小。

5. 钢丝绳的变形和报废

1）物料起重机钢丝绳损坏的常见原因

（1）选用的钢丝绳规格不正确。

（2）钢丝绳长期缺乏维护、润滑。

（3）钢丝绳脱槽。

（4）钢丝绳在卷筒上排绳不齐，相互挤压。

（5）钢丝绳尾端固结不正确。

（6）钢丝绳穿绕不正确或设计缺陷，造成与其他部位非正常的机械磨损。

2）钢丝绳的变形

钢丝绳失去正常形状产生可见的畸形称为“变形”，这种变形会导致钢丝绳内部应力分布不均匀，出现缺陷的典型示例见表 2-6。

钢丝绳缺陷典型示例　　　　表 2-6

序号	缺陷典型示例	原因
1		由于在尖锐的突起上承载运行而导致机械损伤

续表

序号	缺陷典型示例	原因
2		由于支撑结构的摩擦导致局部磨损。钢丝绳在滚轮与卷筒之间振动
3		狭窄的磨损会导致疲劳断裂，钢丝绳在过大绳槽中工作或者在过小的支撑滚轮上工作都会导致此问题
4		两条平行断丝表明钢丝绳在过小的绳轮绳槽中弯曲
5		严重磨损，纤维主芯凸出
6		同向捻制的钢丝绳的严重磨损，由于多层缠绕的钢丝绳相交点间摩擦引起
7		由于钢丝绳在腐蚀性环境中引起的严重腐蚀
8		由于弯曲疲劳引起的典型断丝
9		绳芯之间的断丝，由于缺乏绳芯支撑引起，与股“顶部”断丝明显不同
10		应力作用下出现的IWR（独立结构钢丝绳主芯）断开，注意外层股钢丝的交咬

续表

序号	缺陷典型示例	原因
11		股芯凸出，由于突加负载引起的扭曲不平衡造成的
12		以前打结的部位出现的局部磨损和变形的典型情况
13		多股钢丝绳出现的鸟笼状，由于扭曲不平衡造成，典型情况可见于多绳起重机的锚定端
14		由于突加负载引起的 IWR（独立结构钢丝绳主芯）凸出

3）钢丝绳的报废

钢丝绳经过一定时间的使用，其表面的钢丝发生磨损和弯曲疲劳，使钢丝绳表层的钢丝逐渐折断，当断丝发展到一定程度时钢丝绳不能继续使用，则应予以报废。钢丝绳使用的安全程度由断丝的性质和数量，断丝的局部聚集，断丝的增加率，绳股断裂，弹性降低，外部磨损，外部及内部腐蚀、变形，绳端断丝，绳径减小，由于受热或电弧的作用而引起的损坏等项目判定。

钢丝绳出现下列情况之一，应予以报废：

（1）交绕的钢丝绳在一个捻节距（指任意一个钢丝绳股环绕一周的轴向距离）内的断丝数达该绳总丝数的 10%。断丝数报废标准见表 2-7。

断丝数报废标准 **表 2-7**

钢丝绳原有安全系数	钢丝绳的结构型式断丝标准							
	6×19+FC		6×37+FC		6×61+FC		18×19+FC	
	交捻	顺捻	交捻	顺捻	交捻	顺捻	交捻	顺捻
6 以下	12	6	22	11	36	18	36	18
6～7	14	7	26	13	38	19	38	19
7 以上	16	8	30	15	48	20	40	20

如绳 6×19=114 丝，当断丝数达 12 丝时即应报废更新，如绳 6×37=222 丝，当断丝数达 22 丝时即应报废更新。对于由粗细丝组成的钢丝绳，断丝数的计算是细丝一根算一根，粗丝一根算 1.7 根。

（2）吊运炽热金属或危险品的钢丝绳，其报废断丝数取一般起重机用钢丝绳报废标准的一半数，如断丝现象集中发生于局部，应按（1）中所规定的一半即可报废。

（3）钢丝绳表面层钢丝腐蚀或磨损达到表面原丝径的 40%则应报废，当不到 40%时，可按规定折减断丝数报废。

（4）钢丝绳有明显的内部腐蚀。

（5）钢丝绳直径减少量达 7%或更多时，即使没有断丝，该钢丝绳也应报废。

（6）钢丝绳与铝合金接头部位有裂纹或滑移变形：插编钢丝绳索具插编部位有严重抽脱；浇铸钢丝绳锚具与钢丝绳连接处有位移，发生抽脱现象。

（7）钢丝绳表面有磨损或腐蚀，又有一定数量的断丝，断丝数应在（1）或（2）的规定上乘以折减系数后判定。断丝折减系数见表 2-8。

钢丝磨损后断丝报废标准折减系数（%） **表 2-8**

钢丝表面磨损或锈蚀量	10	15	20	25	30～40	>40
报废断丝数标准折减系数	85	75	70	60	50	0

（8）整股断裂或烧坏。

（9）同部外层钢丝绳伸长呈“笼”形或钢丝绳纤维芯的直径增大较严重。

（10）钢绳发生扭结、死角、硬弯、塑性变形、麻芯脱出等严重变形。

二、滑车与滑车组

滑车与滑车组是起重运输及吊装工作中常用的一种小型起重工具，配合卷扬机、桅杆进行设备牵引和起重吊装工作。

1. 滑轮

滑轮按用途一般分为定滑轮、动滑轮、滑轮组、导向滑轮、平衡滑轮等，如图 2-12 所示。滑轮按数量不同，可分为单门（一个滑轮）、双门（两个滑轮）和多门等；按连接件的结构形式不同，可分为吊钩型、链环型、吊环型、吊梁型；接滑轮的夹板形式不同，可分为开口滑轮和闭口滑轮，开口滑轮的夹板可以打开便于装入绳索，常用在拔杆脚等处起导向作用，如图 2-13 所示。

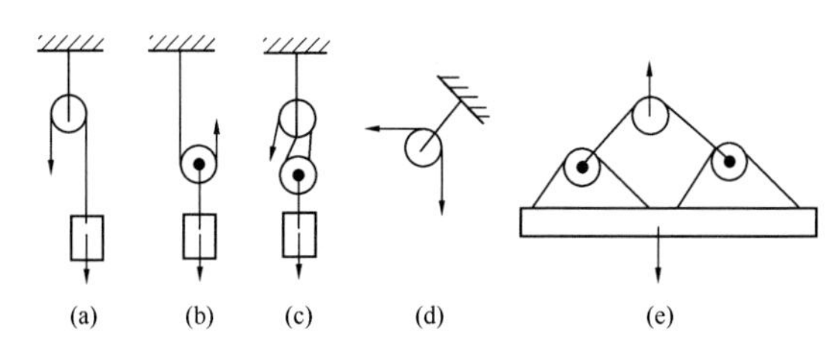

图 2-12　滑轮的分类

（a）定滑轮；（b）动滑轮；（c）滑轮组；（d）导向滑轮；（e）平衡滑轮

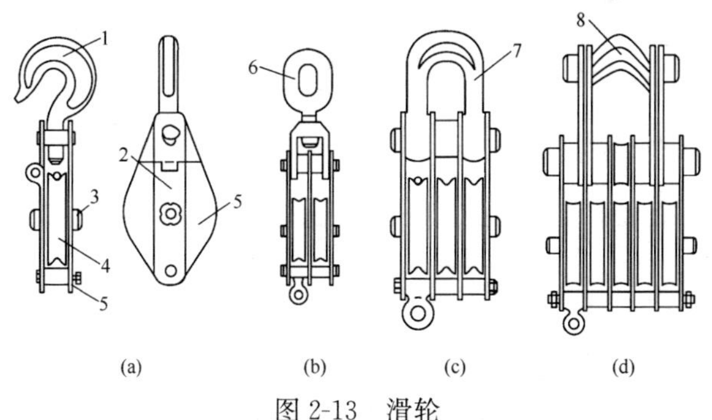

图 2-13　滑轮

（a）单门开口吊钩型；（b）双门闭口链环型；

（c）三门闭口吊环型；（d）三门吊梁型

1—吊钩；2—拉杆；3—轴；4—滑轮；5—夹板；6—链环；7—吊环；8—吊梁

滑轮按使用方式不同，可分为定滑轮和动滑轮。定滑轮在起重作业中起保持重物的平衡、支持承重钢丝绳的升降和改变绳索拉力方向的作用，不起省力作用。动滑轮在起重作业中一般只起省力和承重作用，它在使用中是随着重物移动而移动的，它能省力，但不能改变力的方向。定滑轮和动滑轮又可称为滑轮组。导向滑轮根据起重作业的需要，能改变钢丝绳受力方向或改变被牵引物的运动方向。一个单轮动滑轮能够节省一半的起升拉力，那么动滑轮门数越多，起升钢丝绳的牵引力越小。

2. 滑车组

1）滑车组的分类

滑车组是由一定数量的定滑车和动滑车及绕过它们的绳索组成的简单起重工具。它能省力也能改变力的方向。

滑车按作用来分，可分为定滑车、动滑车、滑车组、导向滑车及平衡滑车；按滑车的轮数可分为单轮滑车（单轮滑车的夹板有开口和闭口两种），双轮滑车、三轮滑车和多轮滑车（几轮滑车通常也称为几门滑车）。

起重滑车有 HQ 系列滑车（通用滑车）、HY 系列滑车（林业滑车）。滑车代号表示方法如下：HΔ×ΛO

其中：H——起重滑车代号　Δ——额定起重量（吨）

Λ——滑车数量　O——形式代号（表 2-9）

滑车形式代号　　表 2-9

形式	桃式开口	吊钩	链环	吊环	吊梁	钩式开口	闭口
代号	K	G	L	D	W	Ka	不加 K

注：H10×1G 表示为额定起重量为 10t 的单钩闭口吊钩型滑车。

H5×4D 表示额定重量为 5t 的四轮吊环型滑车。

2）双联滑车组

滑车组采用单头出绳时，既可以从动滑车引出，也可以从定滑车引出，如图 2-14（a)、图 2-14（b）所示，这样的滑车组称为单联滑车组。

在起吊重量很大时，为省力需采用多门滑车组，两台卷扬机联合吊装，此时滑车组要采用双出头的穿绕方式，即双联滑车组，如图 2-14（c）所示。

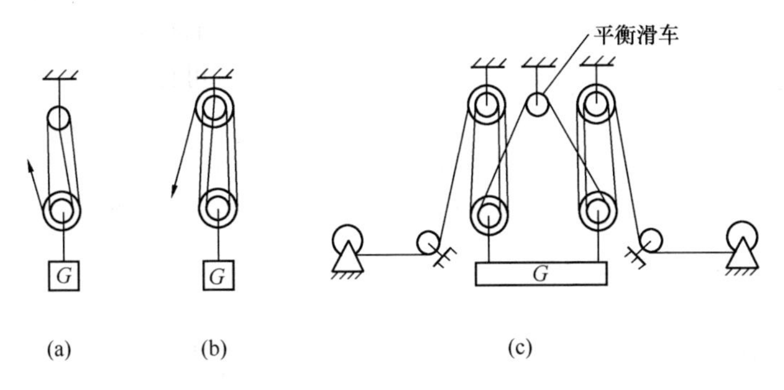

图 2-14 单联滑车组和双联滑车组

（a）跑绳自动滑车引出；（b）跑绳自定滑车引出；

（c）双头出绳的双联滑车组

双联滑车组穿绕中一般需有一平衡滑车，如图 2-14（c）所示，其作用是为了在起吊重物时，使两个滑车组的升降速度能自动调节成一致，并使每个滑车上的受力均匀，可保持吊物平稳地升降。由于双联滑车组有两个出头，可用两台卷扬机同时牵引，因而其速度比单联滑车组要快一倍。

3）滑车组的倍率（传动比或变速比）

滑车组的倍率通常是指滑车组理论上的省力或增、减速的倍数。以起吊的荷重和滑车组牵引端绳索的理论牵引力的比值，或以滑车组牵引端绳索的牵引速度和起吊荷重的起升速度的比值来表示。从定滑车引出的滑车组的倍率等于直接承载起吊重物的工作绳数，也等于动、定滑车组滑轮个数之和。通过数滑车组工作绳数或动、定滑轮个数可以快速便捷地判断滑车组的倍率。对引端绳索从动滑车引出的滑车组，滑车组的工作绳数等于滑车组的总滑轮数加 1。

4）滑车组绳索的穿法

滑车组中绳索有普通穿法和花穿法两种，如图 2-15 所示。

普通穿法是将绳索自一侧滑轮开始，顺序地穿过中间的滑轮，最后从另一侧的滑轮引出，如图 2-15（a）所示。滑车组在工作时，由于两侧钢丝绳的拉力相差较大，跑头 7 的拉力最大，第 6 根为次，顺次至固定头受力最小，所以滑车在工作中不平稳。如图 2-15（b）所示，花穿法的跑头从中间滑轮引出，两侧钢丝绳的拉力相差较小，所以能克服普通穿法的缺点。在用“三三”以上的滑车组时，最好用花穿法。滑车组中动滑车上穿绕绳子的根数，习惯上叫“走几”，如动滑车上穿绕三根绳子，叫“走三”，穿绕四根绳子，叫“走四”。

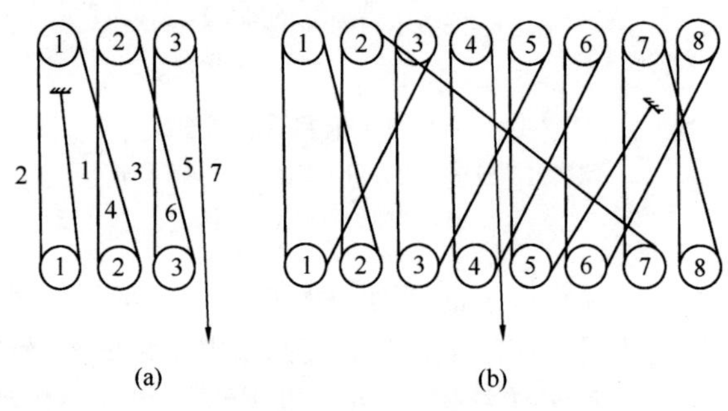

图 2-15　滑车组绳索的穿法

（a）普通穿法；（b）花穿法

3. 滑车及滑车组使用注意事项

1）使用前应查明标识的允许荷载，检查滑车的轮槽、轮轴夹板、吊钩（链环）等有无裂缝和损伤，滑轮转动是否灵活。

2）为了提高钢丝绳的使用寿命，滑轮直径应大于等于钢丝绳直径的 16 倍。

3）选用滑车时，滑轮直径的大小和轮槽的宽窄应与配合使用的钢丝绳直径大小相匹配。

4）滑车组绳索穿好后，要慢慢地加力，绳索收紧后应检查各部分是否良好，有无卡绳现象，与吊物的重心在一条垂线上，以免吊物起吊后不平稳，滑车组上下滑车之间的最小距离根据具体情况而定，一般为 700～1200mm。

三、吊钩与吊环

吊钩和吊环是起重机中应用最广泛的取物装置，通常与滑轮组的动滑轮组合成吊钩组，与起升机构的挠性构件连接在一起。

1. 吊钩

1）吊钩的种类和材料

根据制造方法的不同，吊钩可分为锻造吊钩和片式吊钩；根据形状的不同可分为单钩和双钩两种，如图 2-16 所示。

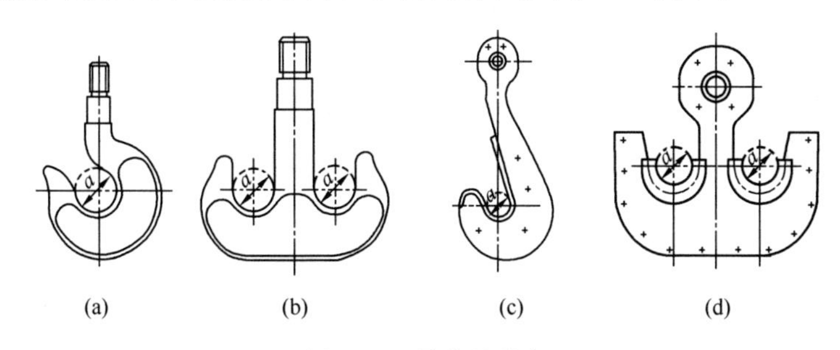

图 2-16　吊钩的种类

（a）锻造单钩；（b）锻造双钩；（c）片式单钩；（d）片式双钩

吊钩断裂可能导致重大的人身及设备安全事故，因此，吊钩的材料要求没有突然断裂的危险。中小型起重机的吊钩是锻造的，大型起重机的吊钩采用钢板铆合，称为片式吊钩。锻造吊钩通常采用 DG20 或 DG20Mn 优质低碳钢。片式吊钩由若干块厚度不小于 20mm 的 Q235、20 优质碳素钢或 Q345 钢板制造。片式吊钩的一大优点是损坏的钢板可以更换，而锻造吊钩，一旦破坏就整体报废，但片式吊钩自重较大。

2）吊钩的危险截面

吊钩使用前必须进行强度校核。吊钩钩身应力最大的截面称为吊钩的危险截面，单钩和双钩钩身危险截面如图 2-17 中的 1-2 截面和 3-4 截面所示。除了对钩身进行强度校核外，还应对钩柄进行强度校核。

3）吊钩的安全检查

吊钩在起重作业中，受到载荷的反复作用发生断裂，可导致

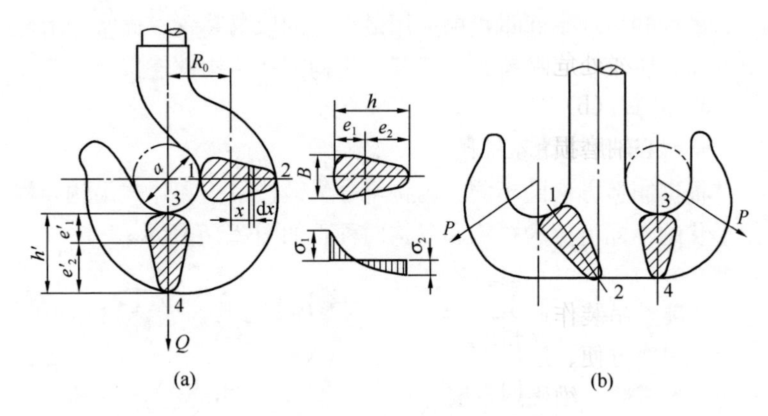

图 2-17　吊钩的危险截面

（a）单钩的危险截面；（b）双钩的危险截面

重物坠落，造成重大人身伤亡事故。因此，在使用中必须经常检查，检查中应注意以下方面：

（1）使用前检查。吊钩应具有制造厂的检验合格证明。在吊钩低应力区有额定起重量和检验合格的打印标记。否则，要对吊钩进行材料化学成分检验和必要的力学性能试验（拉伸试验、冲击试验）并测量吊钩的原始开口度尺寸。吊钩标记的额定起重量要与起重机的额定起重量一致。

（2）表面检查。吊钩的检验一般先用煤油洗净钩身，然后用20倍放大镜检查钩身是否有疲劳裂纹，特别对危险断面的检查要认真、仔细。钩身螺纹部分的退刀槽是应力集中处，要注意检查有无裂缝。对板钩还应检查衬套、销子、小孔、耳环及其他紧固件是否有松动、磨损现象。

（3）内部缺陷检查。吊钩不得有内部裂纹、白点和影响使用安全的任何夹杂物等缺陷，要通过探伤法检查内部。对一些大型起重机的吊钩应采用无损探伤法检验其内部是否存在缺陷。

4）吊钩的报废

吊钩使用中出现以下情况之一的应予以报废：

（1）钩身表面出现裂纹。

（2）钩尾和螺纹部分等危险截面及钩身出现永久变形。

（3）挂绳处危险截面磨损量超过原高度的 10%，即图 2-17（a）、图 2-17（b）中的 3-4 截面。

（4）心轴磨损量超过其直径的 5%。

（5）开口比原尺寸增大 15%。

（6）钩身扭转变形超过 10°。

2. 吊环

吊环是吊装作业中的取物工具，是封闭的环形吊具。在起重作业中取物方便、迅速、安全可靠。固定用吊环通常在电动机、减速机的安装、维修时作固定吊具使用。吊钩端部用吊环也可作为吊索、吊具钩挂起升至吊钩的端部件，根据吊索分支数的多少，还可分为主环和中间主环。它比吊钩的质量小、受力好，但起吊设备时系挂索具困难。

常用吊环分为整体式（无铰吊环）和组合式（单铰和三铰吊环）两种，其结构如图 2-18 所示。吊环一般采用 20 钢或 16Mn 钢制造。

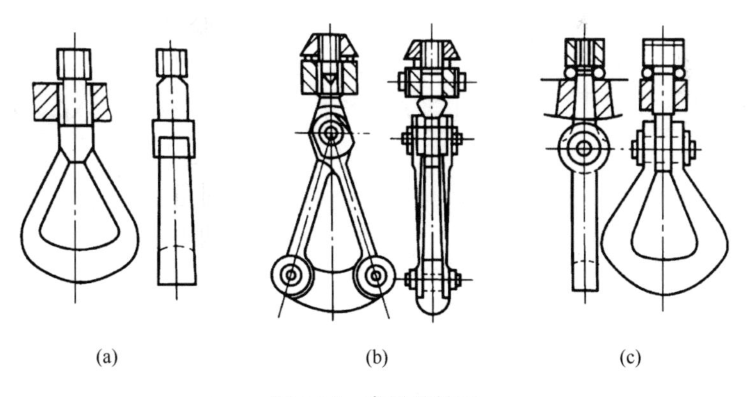

图 2-18　常用的吊环

（a）无铰吊环；（b）三铰吊环；（c）单铰吊环

四、卸扣、绳卡

1. 卸扣

卸扣又称卸甲、卡环等，是起重吊装作业中广泛使用的连接工具，它常常用来连接起重滑车、吊梁、吊环或吊索等，是起重作业中应用广泛的栓连工具。

1）卸扣的构造与种类

卸扣根据用途分为直形卸扣和椭圆形卸扣，如图 2-19 所示，代号分别为 D 和 B。卸扣的构造很简单，根据横销固定方式的不同，卸扣可以分为销子式和螺旋式。螺旋式又分直接旋入式（小吨位）和螺母连接式（大吨位），螺旋式卸扣在工程中最为常用。卸扣一般都是锻造的，不能使用铸造方法来制造，在锻制后必须经过退火处理，以消除卸扣在锻造过程中产生的内应力，增加卸扣的韧性。

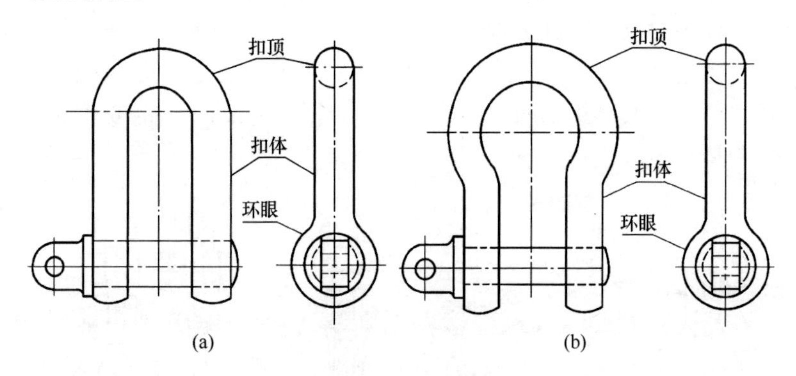

图 2-19　一般起重用锻造卸扣

（a）直形卸扣；（b）椭圆形卸扣

制造卸扣的材料：本体一般用 Q235 或 20 钢；横销用 Q255 或 40 钢。锻造成型的卸扣经热处理消除了内应力，增加了韧性，应能承受 2 倍额定载荷的变形试验和 4 倍额定载荷的极限强度试验。对于大吨位卸扣（200 ～ 500t），为减轻自重，采用 35CrMoV 合金钢。

2）卸扣使用荷重的估算

由于对卸扣各部分强度及刚度进行计算比较复杂，故在现场使用中采用近似估算法。卸扣的承载能力和它本体部分直径 d 的平方成正比。

对于碳钢卸扣有 $Q=60d^2$，式中：Q 为容许使用的负荷重量，N；d 为卸扣本体的直径，mm。对于合金钢（35CrMoV）卸扣（大吨位）有 $Q=150d^2$。

3）卸扣的使用安全要求

（1）使用时不得超过规定的载荷，应使销轴与扣顶受力，不能横向受力。横向使用会造成扣体变形。

（2）在安装销轴时，螺纹旋足后应回旋半扣，防止螺纹旋紧后，使销轴难以拆卸。

（3）可使用金属垫圈固定吊钩位置。

（4）如果吊运时可能会使销轴转动，则不应选用螺栓类销轴。

（5）不得从高处往下抛掷卸扣，以防卸扣落地碰撞产生变形或损伤及裂纹。

4）卸扣的报废

卸扣出现以下情况之一时，应予以报废：

（1）有裂纹；

（2）磨损达原尺寸的10%；

（3）本体变形达原尺寸的10%；

（4）横销变形达原尺寸的20%；

（5）螺栓的螺纹磨损；

（6）卸扣不能闭锁。

2. 绳卡

钢丝绳的绳卡主要用于钢丝绳的临时连接和钢丝绳穿绕滑车组时后手绳的固定，以及扒杆上缆风绳绳头的固定等，它是起重吊装作业中用得较广的钢丝绳夹具，也称为钢丝绳夹、线盘、夹线盘、钢丝卡子等。

绳卡使用时的注意事项：

（1）卡头的大小要适合钢丝绳的粗细，U形环的内侧净距要比钢丝绳直径大1～3mm，净距太大不易卡紧绳子。

（2）使用时，要把U形螺栓拧紧，直到钢丝绳被压扁1/3左右为止。由于钢丝绳在受力后产生变形，绳卡在钢丝绳受力后要进行第二次拧紧，以保证接头的牢靠。如需检查钢丝绳在受力后绳卡是否滑动，可采取附加一安全绳卡。安全绳卡安装在距最后一个绳卡约500mm处，将绳头放出一段安全弯后再与主绳夹紧，这样如卡子有滑动现象，安全弯将会被拉直，便于随时发现和及时加固，如图2-20所示。

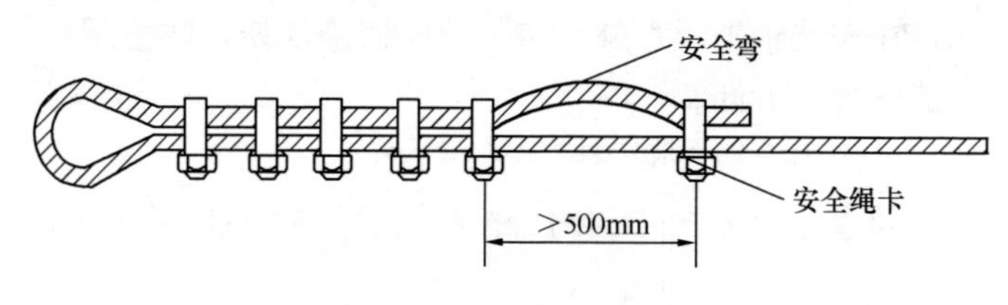

图2-20　绳卡的正确使用

（3）绳卡之间的排列间距一般为钢丝绳直径的6～8倍，绳卡要一顺排列，应将U形环部分卡在绳头的一面，压板放在主绳的一面。

（4）绳卡数目一般不小于3～5个，绳卡的间距应大于等于钢丝绳直径的6倍，最后一个卡子距绳头间距大于等于140mm，卡子的数量根据钢丝绳直径而定。

3. 螺旋扣

螺旋扣又称花篮螺钉，是起重作业中常见的工具之一，其功能是张紧、松弛拉索和缆风绳，又被称为伸缩节，具备张紧调节的紧固装置，调节行程大小的功能。螺旋扣的安全系数一般可达到3～4。在建筑起重作业中螺缝扣的形式主要有OO型、CO型、CC型3种。

五、千斤顶

千斤顶是起重作业中常用的辅助工具，它结构简单，使用方便，工作时无振动冲击，多用于重物短距离升高和设备安装校正位置。

1. 千斤顶的分类

千斤顶按照其结构形式和工作原理的不同，可分为齿条千斤顶、螺旋千斤顶和液压千斤顶。

1）齿条千斤顶

齿条千斤顶又称齿条顶升器、起道机，是采用齿条作为刚性顶举件的千斤顶，适用于塔式起重机的道轨铺设、桥梁安装及车辆、设备、重物起重。齿条千斤顶由手柄、棘爪、齿轮和齿条组成，如图 2-21 所示。它的起重能力一般为 3～5t，最大起重高度 400mm。

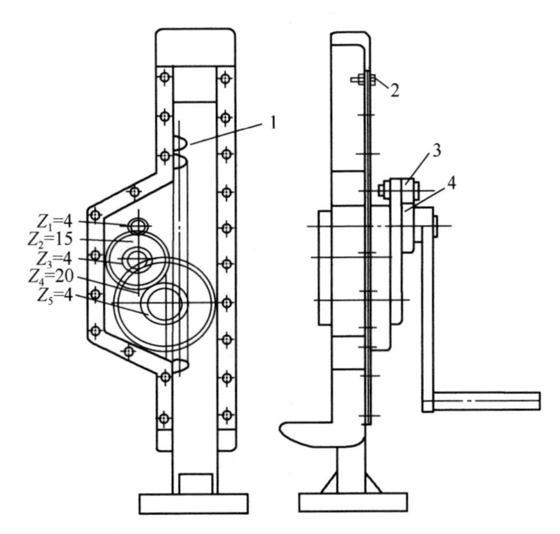

图 2-21　齿条千斤顶

1—齿条；2—连接螺钉；3—棘爪；4—齿轮

齿条千斤顶的使用方法：

（1）提升，齿条千斤顶应平稳放妥，用长度 1.5m 钢质杆插入摇杆孔内，上下往复扳动到需要的提升高度为止。

（2）缓降，把慢降控制手柄向上扳到制动位置，将杠杆上下扳动，每往复一次即下降一牙。

（3）急降，抽出杠杆，用杠杆垂直撞击速降脚板尾面，就能一次降落到起点位置。

2）螺旋千斤顶

螺旋千斤顶又称机械式千斤顶，是由人力通过螺旋副传动，以螺杆或螺母套筒作为顶举件。螺旋千斤顶能支持的重物比液压千斤顶要重，最大起重量已达 100t，应用较广。下部装上水平螺杆后，还能使重物作小距离横移。螺旋千斤顶常用的是 LQ 型，如图 2-22 所示。

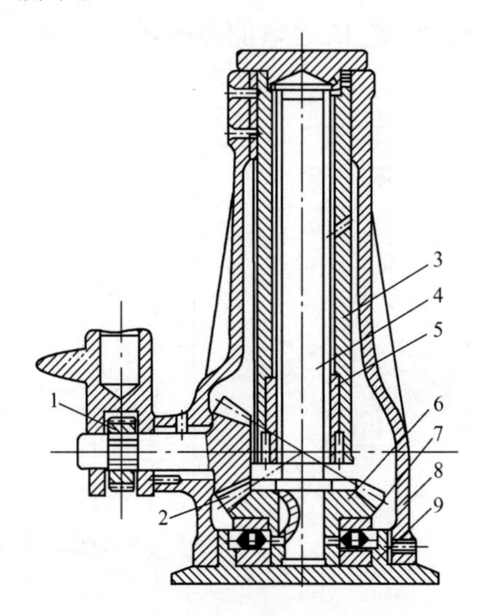

图 2-22　LQ 型螺旋式千斤顶

1—齿轮组；2—小锥齿轮；3—升降套筒；
4—锯齿形螺杆；5—螺母；6—大锥齿轮；
7—推力轴承；8—主架；9—底座

使用时，调整摇杆上的撑牙方向，先用手直接按顺时针方向转动摇杆，使升降套筒快速上升，顶升重物；将手柄插入摇杆孔内，上下往返搬动手柄，重物随之上升。当升降套筒上出现红色警戒线时应该立即停止扳动手柄。如需下降撑牙调至反方向，重物便开始下降。

3）液压千斤顶

液压千斤顶通过液压系统传动，用缸体或活塞作为顶举件。液压千斤顶结构紧凑，能平稳顶升重物，起重量最大已达750t，传动效率较高，应用较广，但易漏油，起重作业中不宜长期支撑重物。如图2-23所示。

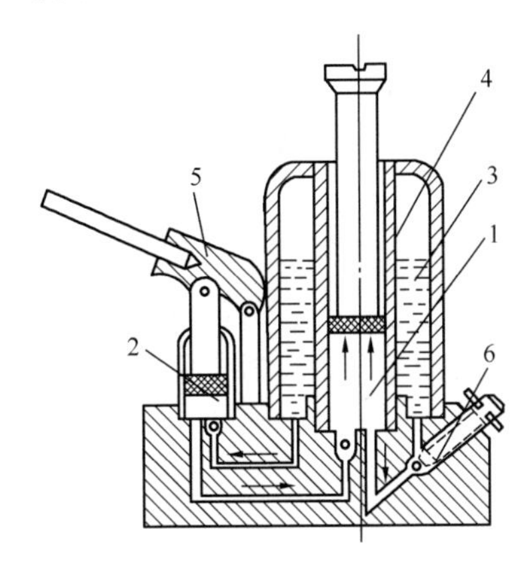

图2-23　液压千斤顶

1—工作液压缸；2—液压泵；3—液体；4—活塞；
5—摇把；6—回液阀

2. 千斤顶的使用安全要求

（1）使用前应检查确认千斤顶完好无损，液压油足够，回位螺母拧紧无漏油，手动装置完好，进行无负荷试验，液压起升正常，方准投入使用。

（2）起升重物前，千斤顶必须垂直放置。在起升钢物件时顶部接触处应衬垫防滑木板，防止千斤顶意外滑脱及重物坠落伤人。

（3）在松软地面和脆性的水泥地面上，不应直接放置千斤顶，应加垫枕木以增大受力面积，避免顶升重物时发生塌陷或倾斜。

（4）放松千斤顶时，应根据液压千斤顶的不同操作要求使重物平稳下降。

（5）为防止长时间起升的重物意外下落，必要时应在起升重物下面加垫木，并做到随举随垫。下降时，随落随抽出垫木，以确保作业安全。

（6）当起升重量较大的设备，采用几只千斤顶同时作业时，起升和下降都必须有专人指挥，随时检查各个千斤顶的受力情况，统一动作，防止个别千斤顶过载，保证起升设备的安全平稳。

六、电动葫芦与手拉葫芦

1. 电动葫芦

电动葫芦是把电动机、减速器、卷筒及制动装置等组合在一起的小型轻便的起重设备，它结构紧凑、轻巧灵活，广泛应用于中小物体的起重吊装工作中，它可以固定悬挂在高处，仅作垂直提升，也可悬挂在可沿轨道行走的小车上，构成单梁或简易双梁吊车。电动葫芦操作很方便，电动葫芦上悬垂一个按钮盒，人在地面即可控制其全部动作。电动葫芦的构造如图 2-24 所示，卷筒位于中央，电动机位于两侧。

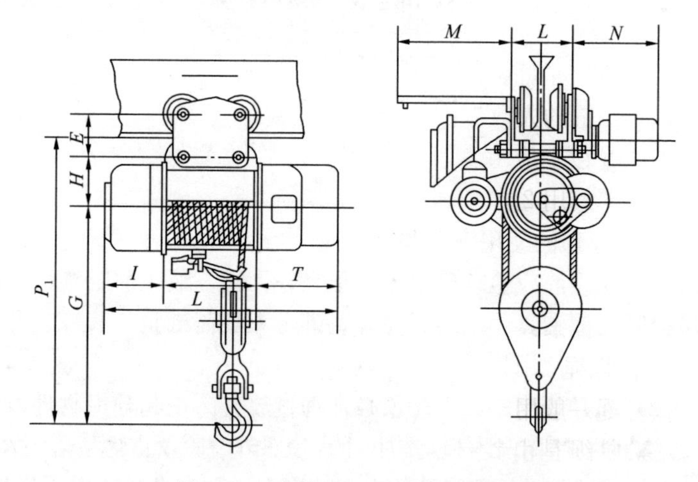

图 2-24　国产 CD、MD 型电动葫芦

国产 CD 型和 MD 型（双速）电动葫芦的起重量为 0.5～10t，起升高度 6～30m，起升速度一般为 8m/min，用途较广。

2. 手拉葫芦

手拉葫芦是一种使用简便、便于携带、应用广泛的手动起重工具，又称起重葫芦、吊葫芦、捯链等。起重量一般不超过 10t，最大的可达 20t，起重高度一般不超过 6m。图 2-25 是 HS 型手拉葫芦。

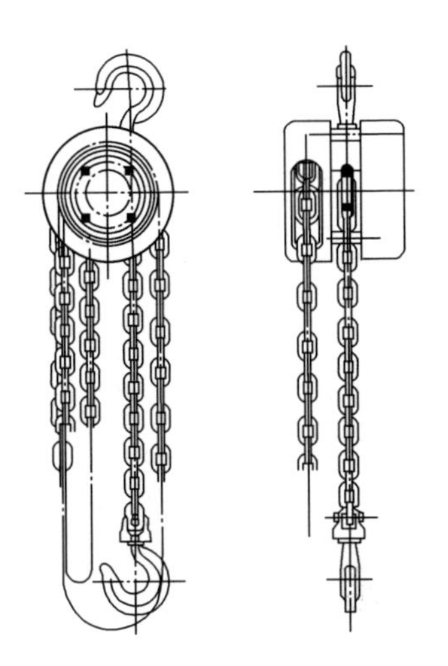

图 2-25 HS 型手拉葫芦

在使用时注意下列事项：

（1）严禁超负荷使用环链手拉葫芦，严禁用人力以外的其他动力操作。

（2）在起吊前检查上下葫芦及吊钩是否挂牢，起重链条应垂直悬挂，不得有错扭的链环，双行链的下吊钩架不得翻转。

（3）应站在与手链轮同一平面内拽动手链条，使手链轮沿顺时针方向旋转实现重物上升，反向拽动手链条，亦可缓缓下降，用力应均匀和缓，不要过猛。

（4）拉链的人数应按手拉葫芦起重能力确定，即 2t 以下一人拉链；2t 以上应由两人合力拉链。

（5）严禁用 2 台及 2 台以上手拉葫芦同时起吊重物；严禁将吊钩回扣到起重链条上起吊重物；严禁将起重物体吊至手拉葫芦顶端位置。

七、其他索具

1. 白棕绳

白棕绳一般用于起吊轻型构件和作为受力不大的缆风绳、溜绳等。白棕绳是由剑麻茎纤维搓成线，线搓成股，再将股拧成绳，具有质地柔韧、携带轻便和容易捆扎等优点，但强度较低。主要用于：绑扎各种构件；吊起较轻的构件；用以拉紧，以保持被吊物在空中稳定；起重量比较小的扒杆缆风绳索等。

白棕绳一般有三股、四股和九股，又有浸油和不浸油之分。浸油白棕不易腐烂，但质料变硬，不易弯曲，强度比不浸油的绳要降低 10%～20%，因此在吊装作业中少用。

不浸油白棕绳在干燥状态下，弹性和强度均较好，但受潮后易腐烂，因而使用年限较短。白棕绳使用时应注意：

（1）白棕绳穿绕滑车时，滑轮的直径应大于绳直径的10倍。

（2）成卷白棕绳在拉开使用时，应先把绳卷放平在地上，将有绳头的一面放在底下，从卷内拉出绳头，然后根据需要的长度切断。切前应用细铁丝或麻绳将切断口两侧的白棕绳扎紧，以防止切断后绳头松散。

（3）白棕绳在使用中，如发生扭结，应设法抖直，否则绳受拉时易折断。有绳结的白棕绳不应通过滑车等狭窄的地方，以免绳子受额外压力而降低强度。

（4）白棕绳应放在干燥和通风良好的地方，以免腐烂；不要和油漆、酸、碱等化学物品接触，以防腐蚀。

（5）使用白棕绳时应尽量避免在粗糙的构件上或地上拖，绑扎边缘锐利的构件，应衬垫麻袋、木板等物。

2. 合成纤维绳

常用的合成纤维绳有尼龙绳和涤纶绳，可用来吊运表面精细的机械零部件、有色金属制品、瓷瓶、开关柜等。

合成纤维绳具有重量轻、质地柔软、弹性好、强度高、耐腐蚀、耐油、不生蛀虫及霉菌、抗水性好等优点。但在高温环境下，合成纤维绳的抗拉力会明显降低甚至变形，易被酸碱腐蚀，因此，在使用过程中应避免绳暴晒，也应避免在酸碱浓度过高的环境中使用。

合成纤维绳的使用注意事项与白棕绳相同。

3. 常用绳结打结方法

绳索在使用过程中打成各式各样的绳结，常用打结方法及用途、特点参见表2-10。

钢丝绳及白棕绳的结绳法 **表2-10**

序号	绳结名称	简图	用途及特点
1	直结（又称平结、交叉结、果子扣）		用于白棕绳两端的连接，连接牢固，中间放一短木棒易解

续表

序号	绳结名称	简图	用途及特点
2	活结	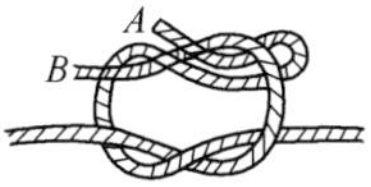 A B	用于白棕绳需要迅速解开时
3	组合法（又称单帆索结，三角扣及单绕式双插法）	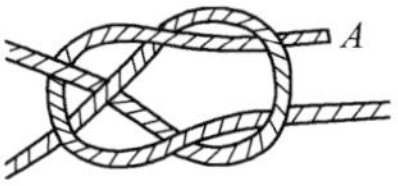 A	用于白棕绳或钢丝绳的连接。比直结易结、易解
4	双重组合结（又称双帆结、多绕式双插结）		用于白棕绳或钢丝绳两端有拉力时的连接及钢丝绳端与套环相连接。绳结牢靠
5	套连环结		将钢丝绳（或白棕绳）与吊环连接在一起使用
6	海员结（又称琵琶结、航海结、滑子扣）	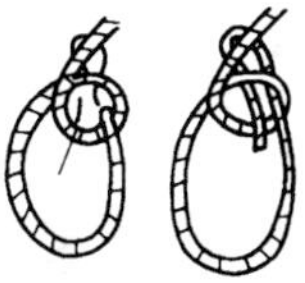	用于白棕绳绳头的固定，系结杆件或拖拉物件。绳结牢靠，易解，拉紧后不出死结
7	双套结（又称锁圈结）		用途同上，也可做吊索用。结绳牢固可靠，结绳迅速，解开方便
8	梯形结（又称八字扣、猪蹄扣、环扣）	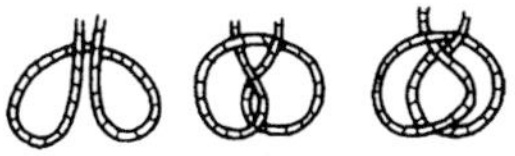	在人字及三角桅杆拴拖拉绳，可在绳中段打结，也可抬吊重物。绳圈易扩大和缩小。绳结牢靠又易解

续表

序号	绳结名称	简图	用途及特点
9	拴住结（锚桩结）	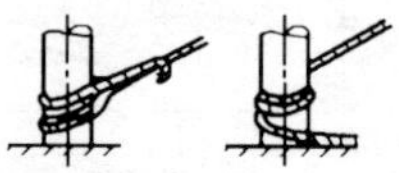	（1）用于缆风绳固定端绳结 （2）用于溜松绳结，可以在受力后慢慢放松，且活头应放在下面
10	双梯形结（又称鲁班结）		主要用于拔桩及桅杆绑扎缆风绳等，绳结紧且不易松脱
11	单套结（又称十字结）		用于钢丝绳的两端或固定绳索用
12	双套结（又称双十字结、对结）		用于钢丝绳的两端，也可用于绳端固定
13	抬扣（又称杠棒结）	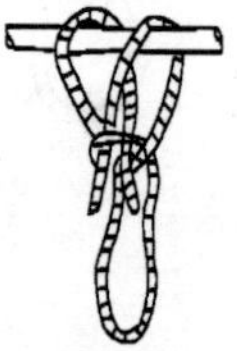	以白棕绳搬运轻量物件时使用，抬起重物时绳自然缩紧。结绳、解绳迅速
14	死结（又称死圈扣）	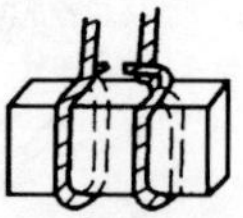	用于重物吊装捆绑，方便牢固安全
15	水手结	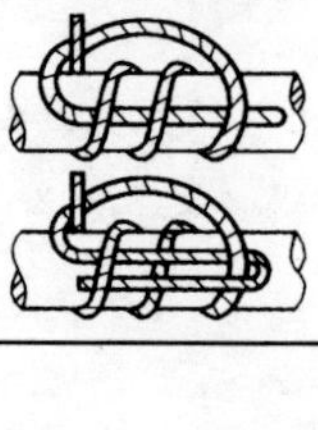	用于吊索直接系结杆件起吊。可自动勒紧，容易解开绳索

续表

序号	绳结名称	简图	用途及特点
16	瓶口结		用于拴绑起吊圆柱形杆件，特点是愈拉愈紧
17	桅杆结		用于竖立桅杆，牢固可靠
18	抬缸结		用于抬缸或吊运圆物件

4. 吊索

在起重作业中用来绑扎构件或连接吊物与吊钩的绳索通常两端都插有绳扣，这种插有绳扣的钢丝绳称为吊索，又称千斤索(绑绳、对子绳、带子绳等)。

吊索一般用 6×61 和 6×37 的钢丝绳或合成纤维等制成，建筑起重作业中常用的吊索形式如图 2-26 所示。

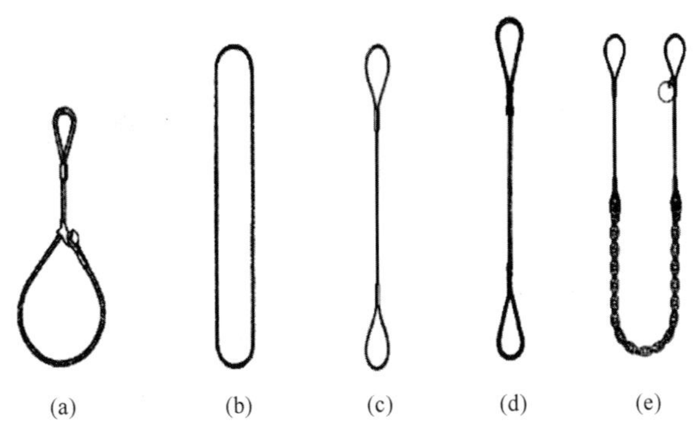

图 2-26 吊索形式

(a) 可调捆绑式吊索；(b) 无接头吊索；(c) 压制吊索；(d) 编织吊索；(e) 钢坯专用吊索

吊索使用时注意以下事项：

1）使用新购置的吊索具前应检查其合格证，并试吊，确认安全。

2）使用卡环时，严禁卡环侧向受力，起吊前必须检查封闭销是否拧紧。不得使用有裂纹、变形的卡环。严禁用焊补方法修复卡环。

严禁超负荷使用吊索具；无标记的吊索具未经确认，不得使用。

3）作业时必须根据吊物的重量、体积、形状确认吊点并选用合适的吊索具。

4）不得采用锤击的方法纠正已扭曲的吊具。

5）吊索具禁止抛掷；不要从重物下面拉拽或让重物在吊索具上滚动。

6）链条有下列情况之一应报废：裂纹；塑性变形，伸长量达原长度的5%或链环直径磨损达原直径的10%。

7）吊装方形、棱角构件时，必须加护铁，吊索与构件棱角不得直接接触。

8）吊装板材注意事项：

（1）吊装面积大于6m²的钢板时，不得使用钢板卡，必须焊吊耳。

（2）制作吊耳所用板材厚度不得小于16mm。

（3）吊装长度大于6m的钢板必须使用吊装扁担。

（4）在吊装2块或2块以上的板材时，必须使用卡具或专用工具。

9）禁止单根吊索吊装。

八、电动卷扬机

电动卷扬机在起重工程中应用较为广泛，是主要的牵引设备之一，它具有牵引力大、速度快、结构紧凑、操作方便和安全可靠等特点。

1. 电动卷扬机的类型和基本参数

1）电动卷扬机的类型

（1）按电动卷扬机牵引速度不同可分为快速、慢速和调速卷扬机；

（2）按电动卷扬机卷筒数不同分为单卷筒、双卷筒和多卷筒卷扬机；

（3）按电动卷扬机传动形式不同分为可逆式、摩擦式卷扬机。

对于建筑安装工程，由于提升距离较短，准确性要求较高，一般应选用慢速卷扬机；对于长距离的提升或牵引物体，为提高生产率，减少电能消耗，应选用快速卷扬机。电动卷扬机如图 2-27所示。

图 2-27　电动卷扬机

2）电动卷扬机的基本参数

慢速卷扬机的基本参数见表 2-11。

慢速卷扬机的基本参数　　**表 2-11**

型式 基本参数	单筒						
钢丝绳额定拉力（t）	3	5	8	12	20	32	50
卷筒容绳量（m）	150	150	400	600	700	800	800

续表

型式 基本参数	单筒						
钢丝绳平均速度（m/min）	9～12			8～11		7～10	
钢丝绳直径不小于（mm）	15	20	26	31	40	52	65
卷筒直径 D	$D \geqslant 18d$						

快速卷扬机的基本参数见表 2-12。

快速卷扬机的基本参数 **表 2-12**

型式 基本参数	单筒						双筒			
钢丝绳额定拉力（t）	0.5	1	2	3	5	8	2	3	5	8
卷筒容绳量（m）	100	120	150	200	350	500	150	200	350	500
钢丝绳平均速度（m/min）	30～40		30～35		28～32		30～35		28～32	
钢丝绳直径不小于（mm）	7.7	9.3	13	5	20	26	13	15	20	26
卷筒直径 D	$D > 18d$									

2. 卷筒和制动器

1）卷筒

卷筒是卷扬机的重要部件，卷筒由筒体、连接盘、轴以及轴承支架等构成。

（1）钢丝绳在卷筒上的固定

目前采用的固定方法有以下几种：

① 楔块固定法。常用于直径较小的钢丝绳，适于多层缠绕卷筒。

② 长板条固定法。通过螺钉的压紧力，将带槽的长板条沿钢丝绳的轴向将绳端固定在卷筒上。

③ 压板固定法。利用压板和螺钉固定钢丝绳，压板数至少为 2 个。此固定方法简单，安全可靠，便于观察和检查，是最常见的固定形式。其缺点是所占空间较大，不宜用于多层卷绕。

（2）卷筒的报废

卷筒出现下述情况之一的，应予以报废：

① 裂纹或凸缘破损；

② 卷筒壁磨损量达原壁厚的 20%；

③ 绳槽磨损量大于钢丝绳直径 1/4 且不能修复时。

2）制动器

制动器既是起重机的控制装置，又是安全装置。其工作原理是：制动器摩擦副中的一组与固定机架相连，另一组与机构转动轴相连。当摩擦副接触压紧时，产生制动作用；当摩擦副分离时，制动作用解除，机构可以运动。

（1）制动器的分类

① 根据构造不同，分为带式制动器、块式制动器和盘式与锥式制动器三类。

② 按工作状态，分为：

常闭式制动器。在机构处于非工作状态时，制动器处于闭合制动状态；在机构工作时，操纵机构先行自动松开制动器，塔式起重机的起升和变幅机构均采用常闭式制动器。

常开式制动器。制动器通常处于松开状态，需要制动时通过机械或液压机构来完成。塔式起重机的回转机构采用常开式制动器。

（2）制动器的报废

制动器的零件有下列情况之一，应予以报废：

① 可见裂纹。

② 制动块摩擦衬垫磨损量达原厚度的 50%。

③ 制动轮表面磨损量达 1.5～2mm。

④ 弹簧出现塑性变形。

⑤ 电磁铁杠杆系统空行程超过其额定行程的 10%。

3. 卷扬机的固定与布置

1）卷扬机的固定

卷扬机必须用地锚予以固定，以防工作时产生滑动或倾覆。根据受力大小，固定卷扬机的方法有立桩锚固法、螺栓锚固法、水平锚固法和压重锚固法四种，如图 2-28 所示。

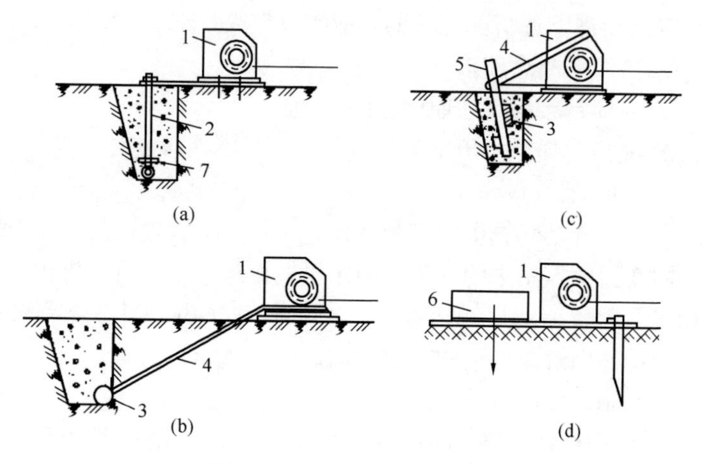

图 2-28　卷扬机的锚固方法

（a）螺栓锚固法；（b）水平锚固法；（c）立桩锚固法；（d）压重锚固法

1—卷扬机；2—地脚螺栓；3—横木；4—拉索；5—木桩；6—压重；7—压板

2）卷扬机的布置

卷扬机的布置应注意下列几点：

（1）卷扬机安装位置周围必须排水畅通并应搭设工作棚。

（2）卷扬机的安装位置应能使操作人员看清指挥人员和起吊或拖动的物件，操作者视线仰角应小于 45°。

（3）在卷扬机正前方应设置导向滑车，如图 2-29 所示，导向滑车至卷筒轴线的距离，带槽卷筒应不小于卷筒宽度的 15 倍，即倾斜角 a 不大于 2°，无槽卷筒应大于卷筒宽度的 20 倍，以免钢丝绳与导向滑车槽缘产生过度的磨损。

（4）钢丝绳绕入卷筒的方向应与卷筒轴线垂直，其垂直度允

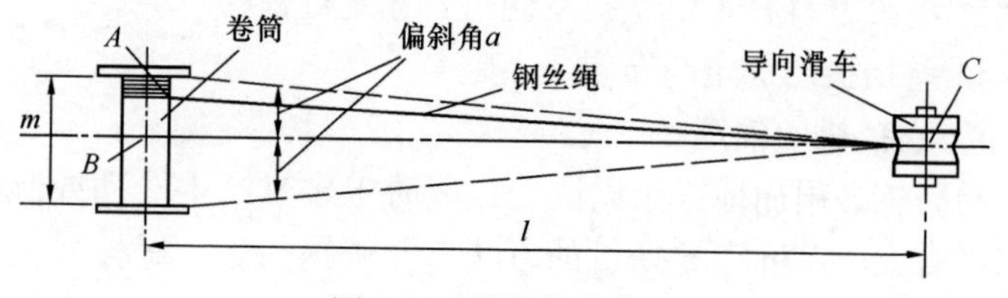

图 2-29　卷扬机的布置

许偏差为6°，这样能使钢丝绳圈排列整齐，不致斜绕和互相错叠挤压。

4. 卷扬机使用注意事项

（1）使用前，应检查卷扬机与地面的固定，弹性联轴器不得松垮，并应检查安全装置、防护设施、电气线路、接零或接地线、制动装置和钢丝绳等，全部合格后方可使用。

（2）使用皮带或开式齿轮的部分，均应设防护罩，导向滑轮不得用开口拉板式滑轮。

（3）正反转的卷扬机卷筒旋转方向应与操纵开关上指示的方向一致。

（4）卷扬机必须有良好的接地或接零装置，接地电阻不得大于10Ω；在一个供电网络上，接地或接零不得混用。

（5）卷扬机使用前要先空运转作空载正、反转试验5次，检查运转是否平稳，有无不正常响声；传动制动机构是否灵活可靠；各紧固件及连接部位有无松动现象；润滑是否良好，有无漏油现象。

（6）钢丝绳的选用应符合原厂说明书规定，卷筒上的钢丝绳全部放出时应留有不少于3圈。钢丝绳的末端应固定牢靠；卷筒边缘外周至最外层钢丝绳的距离应不小于钢丝绳直径的1.5倍。

（7）钢丝绳应与卷筒及吊笼连接牢固，不得与机架或地面摩擦，通过道路时，应设过路保护装置。

（8）在卷扬机制动操作杆的行程范围内，不得有障碍物或阻卡现象。

（9）卷筒上的钢丝绳应排列整齐，当重叠或斜绕时，应停机重新排列，严禁在转动中用手拉或脚踩钢丝绳。

（10）作业中，任何人不得跨越正在作业的卷扬钢丝绳。物件提升后，操作人员不得离开卷扬机，物件或吊笼下面严禁人员停留或通过。休息时应将物件或吊笼降至地面。

（11）作业中如发现异响、制作不灵，制动带或轴承等温度剧烈上升等异常情况时，应立即停机检查，排除故障后方可使用。

（12）作业中停电或休息时，应切断电源，将提升物件或吊笼降至地面。

九、地锚

地锚主要是用来固定卷扬机、绞盘、缆风绳等，是起重机构稳定系统中的重要组成部分。

1. 地锚的种类和设置方法

地锚一般分为桩锚、坑锚、压重式地锚和临时地锚等。

1）桩锚

桩锚适用于土质地层，一般用于拉力较小的场合。根据圆木或钢管倾斜放入土中的方式不同，桩锚可分为打桩桩锚和埋设桩锚两种。

（1）打桩桩锚

打桩桩锚用角钢、圆钢或圆木，采用垂直或向受拉的相反方向倾斜 10°～15°打入土中，桩柱长为 1.2～2m，入土深度为 2～15m，受力钢丝绳拴在离地面约 0.3m 处。有时也可在桩柱前部上方距地面 0.3m 处加埋挡木，挡木长约 1m，直径与桩柱相同以增加桩锚的承载能力，如图 2-30 所示。

打桩桩锚的承载能力较小，当拉力较大时，可根据载荷的大小及土质情况采用 2 根或 3 根桩锚连接在一起形成联合桩锚，如图 2-31 所示。通常桩锚受力在 25kN 以下时可采用单桩，50kN 以下时应用 2 根桩，100kN 以下时应用 3 根桩。

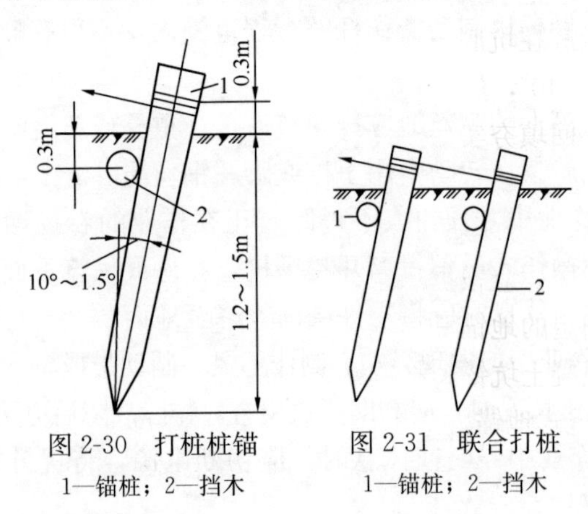

图 2-30　打桩桩锚
1—锚桩；2—挡木

图 2-31　联合打桩
1—锚桩；2—挡木

与埋设桩锚相比，打桩桩锚铺设置简单，省时省力，故在起重作业中得到广泛应用。

（2）埋设桩锚

埋设桩锚是将圆木、方木、枕木或钢管等倾斜放在预先挖的深坑中，在圆木的上部距地面300mm右前方和下部后方横放枕木或圆木，将倾斜的圆木桩卡住，然后用土填埋夯实，如图2-32所示。此法由于施工较烦琐，故在起重作业中较少使用。

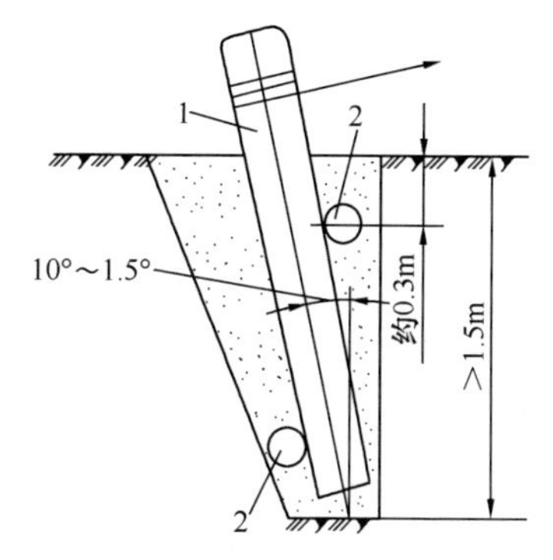

图2-32 埋设柱锚

1—锚桩；2—挡木

2）坑锚

坑锚又称全埋式地锚，它的承载能力很大，一般能够承受30～500kN的力，因此，在要求地锚承载能力较大时应采用坑锚。对于起重量较大的桅杆起重机缆风绳的固定、拖运大型设备时卷扬机及滑车组的死头固定，一般都采用坑锚。

坑锚埋设时，首先挖成直角梯形坑，一般坑深2m左右。锚坑的长度应比埋件长度稍短，在下部两端掏洞，使埋件两端能伸入400mm左右为宜。将钢丝绳系结在锚碇中间一点或对称系结在两点，横放在坑底，钢丝绳在坑前部倾斜引出地面，倾斜角度一般为30°～40°，然后进行回填土，回填土时每隔200～300mm夯实一次，回填夯实后的土层需高出原有地面，以防坑内进水，如图2-33所示。

坑锚的埋设深度、锚桩采用的材料以及引出的钢丝绳与锚桩的连接方式等，应根据承载能力的大小和土壤的性质来决定。对于永久性固定的地锚和所需承载能力很大而土质不好的情况下，可以采用混凝土坑锚，如图2-33（c）所示。

3）压重式地锚

压重式地锚是将具有一定质量的钢锭、混凝土块、石块等重

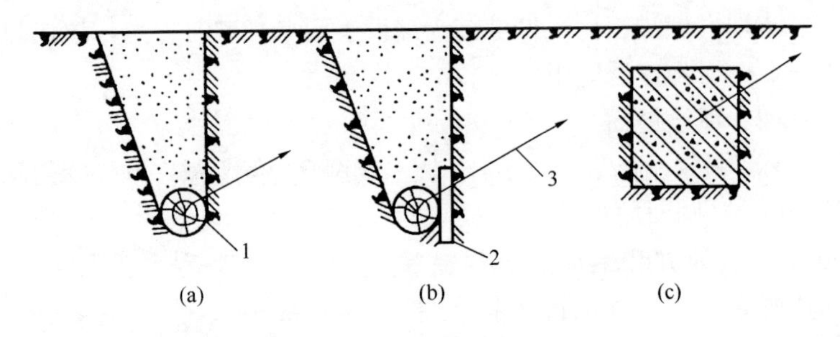

图 2-33　坑锚

（a）无挡木坑锚；（b）有挡木坑锚；（c）混凝土坑锚

1—锚桩；2—挡木；3—引出的钢丝绳

块放置在特制的钢排上，利用钢排的重力和钢排与地面间的摩擦力来承受载荷，重块的数量由地锚承受的载荷决定。

4）临时地锚

临时地锚是在现场施工时，以建筑物或设备当作地锚，根据设备托运或吊装的需要临时选定。实践中利用这种方法的机会比较多，但一般只能当作导向滑车或起吊量不大的滑车组的扎点，且使用时要注意以下几个问题：

（1）要知道需用的地锚的实际拉力大小。

（2）要了解被当作地锚的混凝土柱子、梁及设备本身的稳定性及所允许承受的水平或垂直拉力。

（3）如须选用拉力较大的地锚，使用前要征得现场设计代表的许可，或根据其结构进行受力的验算，确认无问题后方能使用。

（4）活动的设备严禁选作地锚。

（5）正在运行的设备严禁选作地锚。

（6）选用建筑物作地锚，施工中要提高工艺，严禁用后损坏。

2. 地锚使用注意事项

地锚在起重作业中起着重要的作用，它是影响安全吊装的关键，埋设及使用应注意下列事项：

（1）决定地锚位置时，地锚基坑的前方坑深 2.5 倍的距离范围内不得有地沟、电缆、地下管道等。地锚埋设处应比较平整、不潮湿、不积水，防止基坑内泡水，影响地锚的安全使用。

（2）地锚用的木材不得腐朽，不得有严重的裂缝或机械损伤。地锚使用时间较长时，应对锚桩和绳索进行防腐。同时木质锚桩与绳索连接处，应用硬木或铁板垫好，以防受集中应力而破坏。

（3）拉杆或拉绳与地锚横木连接处，一定要用薄铁板垫好，防止由于应力过分集中而损伤地锚横木。

（4）地锚只允许在规定的方向受力，其他方向不允许受力，不能超载使用。

（5）重要地锚要经过拉试才能正式使用，使用时应指定专人检查、监护，如发现异常，应采取措施，以防发生事故。

（6）地锚附近不允许取土，地锚拉绳与地面的水平凸角为30°左右，否则会使地锚承受过大的竖向拉力。

（7）利用现有建筑物、构筑物作锚点时，必须遵守下列规定：

① 必须通过验算，保证建筑物或构件物不受破坏，并应取得有关设计单位、建设单位以及现有建筑物或构筑物所属使用单位或施工单位的同意；

② 必须采取措施保证建筑物或构件物的表面不受损伤；

③ 禁止利用脚手架、电杆及不牢靠的树木等作为锚点。

第二节　物料提升机的基本结构

物料提升机主要由钢结构件、动力和传动机构、电气系统、安全装置、辅助部件五大部分，通过一定的方式组合完成。

一、钢结构件

主要由架体（立柱）、底架、吊笼（篮）、导轨和天梁、摇臂把杆组成。

1. 架体

物料提升机最主要的钢结构件便是架体，它支承天梁，负荷吊笼的垂直载荷，承担着载物重量，不仅有运行导向的作用，还有提升机整体稳固的功能。龙门架和外置式井架的立柱，截面的大小根据吊笼的布置和受力，常采用角钢和钢管，制成可拼装的杆件，在施工现场再以螺栓或销轴连接成一体，也常焊成格构式标准节，每个标准节长度为1.5～4m，标准节之间用螺栓或销轴连接，可以互相调换。

架体采用标准节连接，具有断面小、节约材料、质量可靠等特点，但加工较为困难，运输成本费用也相对较高，适合较大批量生产，适用于高架及外置吊笼的机型。使用角钢或钢管杆件拼装连接方式的架体，其安装较为复杂，安装的质量控制难度也较高，但加工难度和运输成本较低，适合单机或小批量生产，适用于低架及内置吊笼的机型。

2. 底架

架体设有底架（地梁），用于架体（立柱）与基础的连接。

3. 吊笼（篮）

吊笼（篮）主要用于盛装各类材料，它可以上下垂直运行。吊笼是供装载物料作上下运行的部件，也是物料提升机中唯一以移动状态工作的钢结构件。吊笼由横梁、侧柱、底板、两侧挡板（围网）、斜拉杆和进出料安全门等组成。常用型钢和钢板焊接成框架，再铺50mm厚木板或焊有防滑钢板作载物底板。安全门及两侧围挡一般用钢网片或钢栅栏制成，高度应不小于1m，以防物料或装货小车滑落，有的安全门在吊笼运行至高处停靠时，具有高处临边作业的防护作用。对提升高度超过30m的高架提升机，吊笼顶部还应设防护顶板。吊笼横梁上常装有提升滑轮组，篮体侧面装有导向滚轮或滑靴。

4. 导靴

为防止吊笼上下运行时出现偏斜和摆动，需要在吊笼上安装导靴，它可以沿导轨运行，分为滚轮导靴和滑动导靴。有下列情况之一的，必须采用滚轮导靴：采用摩擦式卷扬机为动力的提升机；架体的立柱兼作导轨的提升机；高架提升机。

5. 导轨

导轨是为吊笼上下运行提供导向的部件。

导轨按滑道的数量和位置，可分为单滑道、双滑道及四角滑道。单滑道即左右各有一根滑道，对称设置于架体两侧；双滑道一般用于龙门架上，左右各设置二根滑道，并间隔相当于立柱单肢间距的宽度，可减少吊笼运行中的晃动；四角滑道用于内置式井架，设置在架体的四角，可使吊笼较平稳地运行。导轨可采用槽钢、角钢或钢管。标准节连接式的架体，其架体的垂直主弦杆常兼作导轨。杆件拼装连接式的架体，导轨常用连接板及螺栓连接。

6. 天梁

天梁支承顶端滑轮，安装在架体顶部，它是主要受力构件，用于承受吊笼自重及物料重量，常用型钢制作，其构件形状和截面大小须经计算确定。当使用槽钢作天梁时，其规格不得小于14号槽钢。天梁的中间一般装有滑轮和固定钢丝绳尾端的销轴。

7. 摇臂把杆

在物料提升机运行时，需要垂直运输一些过长、过宽的材料，摇臂把杆可作为物料提升机附加起重机构安装在提升机架体的一侧。在单肢立杆与水平缀条交接处，安装一根起重臂杆和起重滑轮，并用另一台卷扬机作动力，控制吊钩的升降，由人工拉动溜绳操作转向定位，形成简易的起重机构。摇臂把杆的起重量不应超过600kg，其长度不得大于6m；可选用无缝钢管；也可用角钢焊接成格构形式，如图2-34所示。

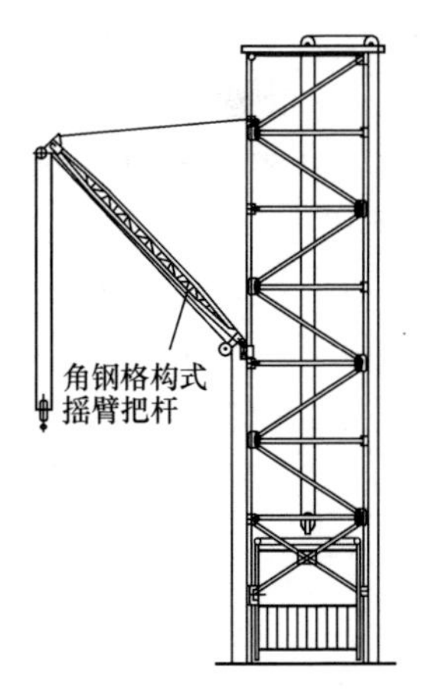

图2-34　摇臂把杆

摇臂把杆通常安装在自升平台上，

进行高空作业，因此要求：

（1）安装吊杆应有回转锁定措施，可定位吊装标准节。

（2）应采用按钮开关操作，上升和下降按钮应互锁且是自动复位型；停止按钮开关应为非自动复位型，随时可切断总电源。

（3）安装吊杆钢丝绳直径不应小于 6mm，安全系数不应小于 8。

（4）安装吊杆的额定起重量不应小于标准节自重的 1.25 倍，额定提升速度不宜大于 10m/min。

（5）安装吊杆应采用有自锁功能的蜗轮蜗杆减速器，或采取保证标准节悬吊停止在任一高度，不会因自重自行下滑的措施。

8. 结构设计与制作要求

1）物料提升机承重构件的截面尺寸应经计算确定，并应符合下列规定：

（1）钢板厚度不应小于 6mm。

（2）钢管壁厚不应小于 3.5mm。

（3）角钢截面不应小于 50mm×5mm。

2）物料提升机承重构件除应满足强度要求，还应符合下列规定：

（1）附墙架的长细比不应大于 180。

（2）物料提升机导轨架的长细比不应大于 150，井架结构的长细比不应大于 180。

3）井架式物料提升机的架体，在各停层通道相连接的开口处应采取加强措施。

4）吊笼结构除应满足强度设计要求，尚应符合下列规定：

（1）吊笼的结构强度应满足坠落实验要求。

（2）吊笼应采用滚动导靴。

（3）吊笼内净高度不应小于 2m，吊笼门及两侧立面应全高度封闭。

（4）吊笼顶部宜采用厚度不小于 1.5mm 的冷轧钢板，并应设置钢骨架；在任意 0.01m^2面积上作用 1.5kN 的力时，不应产生永久变形。

（5）吊笼底板应有防滑、排水功能；其强度在承受125%额定荷载时，不应产生永久变形；底板宜采用厚度不小于50mm的木板或不小于1.5mm的钢板。

（6）吊笼门及两侧立面宜采用网板结构，孔径应小于25mm。吊笼门的开启高度不应低于1.8m；其任意500mm^{2}的面积上作用300N的力，在边框任意一点作用1kN的力时，不应产生永久变形。

5）物料提升机的导轨架不宜兼作导轨。

6）承重构件应选用Q235A，主要承重构件应选用Q235B。

7）当标准节采用螺栓连接时，螺栓直径不应小于M12，强度等级不宜低于8.8级。

8）物料提升机自由端高度不宜大于6m；附墙架间距不宜大于6m。

9）焊条、焊丝及焊剂的选用应与主体材料相适应。

10）焊缝应饱满、平整，不应有气孔、夹渣、咬边及未焊透等缺陷。

二、动力和传动机构

1. 卷扬机

1）卷扬机类型

卷扬机是提升物料的动力装置，按传动方式可分为可逆式和摩擦式两种。

摩擦式卷扬机：一般由电动机、制动器，减速器和摩擦轮（曳引轮）等组成，配以联轴器和轴承座等固定在钢机架上，如图2-35所示；也有将上述机件组装在一个机体之中的，如图2-36所示。

通过控制机构中的手柄进行工作，当提升重物时靠动力，下降重物靠重力，下降速度可由带式制动器控制。高架物料提升机不得使用摩擦式卷扬机。

《建设事业“十一五”推广应用和限制禁止使用技术（第一

批）的公告》（建设部公告第659号）规定：自制简易的或用摩擦式卷扬机驱动的钢丝绳式物料提升机自2007年6月14日起禁止在建筑施工现场使用。

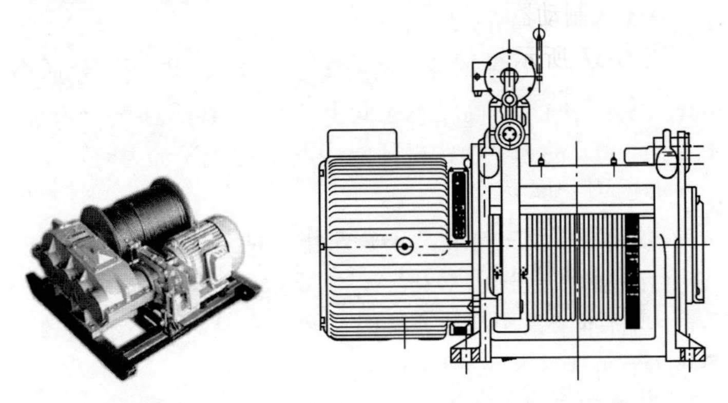

图2-35　摩擦式卷扬机（一）　　图2-36　摩擦式卷扬机（二）

可逆式卷扬机：通过开关按钮控制卷扬机的电气及制动系统。重物的上下运动全部依靠动力，卷筒正方向转动重物上升，反方向转动重物下降，重物上升与下降为同速度相同。切断电动机电源的同时，电磁制动器立即制动。

2）卷扬机的基本参数：按现行国家标准，建筑卷扬机有慢速（M）、中速（Z）、快速（K）三个系列，建筑施工用物料提升机配套的卷扬机多为快速系列，卷扬机的卷绳线速度或曳引机的节径线速度一般为30～40m/min，钢丝绳端的牵引力一般在2000kg以下。一般卷扬机的基本参数包括：额定起重量、提升高度、提升速度。

2. 电动机

大部分建筑施工用的物料提升机采用三相交流电动机，功率一般在2～15kW之间，额定转速为730～1460r/min。当牵引绳速需要变化时，常采用绕线式转子的可变速电动机，否则均使用鼠笼式转子定速电动机。

3. 制动器

为保证卷扬机工作时的安全性，在电动机停止时必须使工作机构卷筒马上停止转动。在失电时制动器须处于制动状态，只有通电时才能松闸，让电动机转动。因此，物料提升机的卷扬机均应采用常闭式制动器。

如图 2-37 所示，是一种卷扬机的常闭式闸瓦制动器，又称为抱鼓制动器或抱闸制动器。不通电时，磁铁无吸力，在主弹簧 4 张力作用下，通过推杆 5 拉紧制动臂 1，推动制动块 2（闸瓦）紧压制动轮 9，处于制动状态；通电时在电磁铁 7 作用下，衔铁 8 顶动推杆 5，克服弹簧 4 的张力，使制动臂拉动制动块 2 松开制动轮 9，处于松闸运行状态。此类制动器，推杆行程制动块与制动轮间隙均可调整，要注意二种调整应配合进行，以取得较好效果，制动块与制动轮间隙视制动器型号而异，一般在 0.8～1.5mm 为宜，太小易引起不均匀磨损，太大则影响制动效果甚至滑移或失灵。随着使用时间的延续，制动块的摩擦衬垫会磨耗减薄，应经常检查和调整，当制动块摩擦衬垫磨损达原厚度 50％时，或制动轮表面磨损达 1.5～2mm 时，应及时更换。

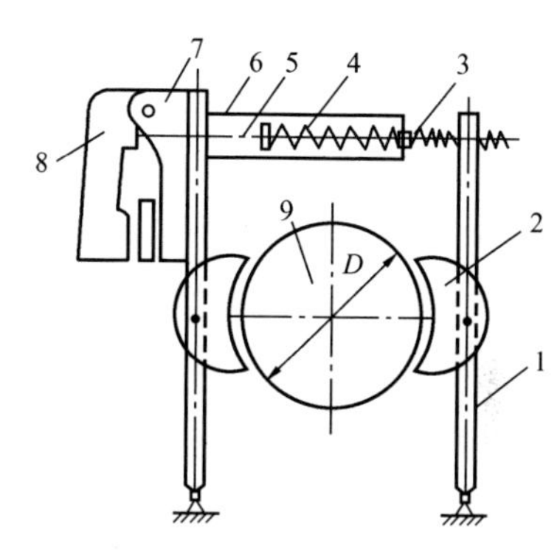

图 2-37　电磁抱闸制动器

1—制动臂；2—制动瓦块；3—副弹簧；4—主弹簧；5—推杆；6—拉板；7—电磁铁；8—衔铁；9—制动轮

4. 联轴器

卷扬机的联轴器，大多采用了制动轮弹性套柱销联轴器，由两个半联轴节、橡胶弹性套及带螺母的锥形柱销组成。其中的一个半联轴节即制动轮，使结构紧凑，并有一定的位移补偿及缓冲能；当超载或位移过大时，弹性套和柱销会率先被破坏，同时避免了传动轴及半联轴节的破坏，起到了一定的安全保护作用，对中小功率的电动机和减速机连接，有良好的效果。联轴器的弹性套，在补偿位移调心过程中极易磨损，必须经常检查和更换。联轴器如图 2-38 所示。

5. 减速机

最常用的减速机是渐开线斜齿轮减速机，其传动效率高，输入轴和输出轴不在同一个轴线上，体积较大。此外也有用行星齿轮、摆线齿轮或涡轮蜗杆减速机，这类减速机可以在体积较小的空间内，获得较大的传动比。卷扬机的减速机还需要根据输出功率、转速、减速比和输入输出轴的方向位置来确定其形式和规格。

物料提升机的减速机通常是齿轮传动，多级减速，如图 2-39所示。

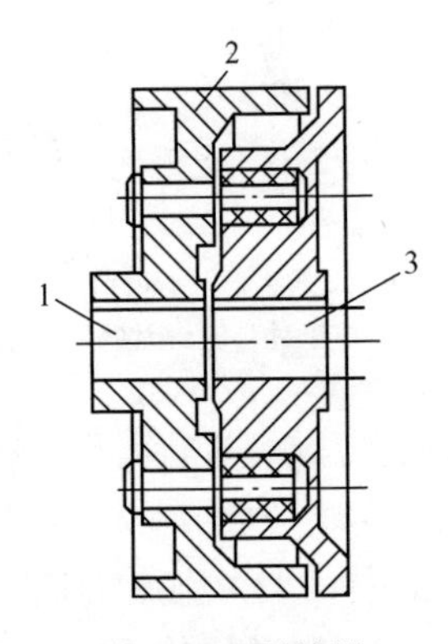

图 2-38　联轴器

1—减速机轴；2—制动轮；3—电机轴

图 2-39　齿轮减速器

6. 钢丝绳卷筒

铸铁、铸钢可作为一般的卷筒材质，较为重要的卷筒有的使用球墨铸铁，也有用钢板弯卷焊接而成。卷筒表面有光面和开槽两种形式。槽面的卷筒可使钢丝绳排绕整齐，但仅适用于单层卷绕；光面卷筒上的钢丝绳可用于多层卷绕，容绳量增加。曳引机的钢丝绳驱动轮是依靠摩擦作用将驱动力提供给牵引（起重）钢丝绳的。驱动轮上开有绳槽，钢丝绳绕过绳槽张紧后，驱动轮的牵引动力才能传递给钢丝绳。由于单根钢丝绳产生的摩擦力有限，一般在驱动轮上都有数个绳槽，可容纳多根钢丝绳获得较大的牵引能力。

7. 钢丝绳

物料提升机使用的钢丝绳一般是圆股互捻钢丝绳，即先由一定数量的钢丝按一定螺旋方向（右或左螺旋）绕成股，再由多股围绕着绳芯拧成绳。钢丝绳是物料提升机的重要传动部件，常用的为 6×19 或 6×37 钢丝绳。

8. 滑轮

一般情况下，在物料提升机的底部和天梁上装有导向定滑轮，吊笼顶部装有动滑轮。物料提升机的滑轮主要由铸铁或铸钢制造。铸铁滑轮绳槽硬度低，对钢丝绳的磨损小，但脆性大且强度较低，在无强烈冲击振动的情况下使用。铸钢滑轮的强度和冲击韧性都较高，滑轮通常支承在固定的心轴上，简单的滑轮可用滑动轴承，大多数起重机的滑轮都采用滚动轴承，滚动轴承的效率较高，装配维修也方便。滑轮除了结构、材料应符合要求外，滑轮和轮槽的直径必须与钢丝绳相匹配，直径过小的滑轮将导致钢丝绳早期磨损、断丝和变形等。低架提升机滑轮直径与钢丝绳直径的比值不应小于 25，高架提升机滑轮直径与钢丝绳直径的比值不应小于 30，使用时应注意滑轮的钢丝绳导入导出处应设置防钢丝绳跳槽装置，物料提升机不得使用开口拉板式滑轮。选用滑轮时应注意卷扬机的额定牵引力、钢丝绳运动速度、吊笼额定载重量和提升速度，正确选择滑轮和钢丝绳的规格。

三、电气系统

物料提升机的电气系统包括电气控制箱、电气元件、电缆电线及保护系统四个部分，前三部分组成了电气控制系统。

1. 电气控制箱

目前，卷扬机作为物料提升机的动力机构，其运行状态的控制要求较低，控制线路较为简单，电气元件数量相对较少，许多操纵工作台与控制箱做成一个整体。常见的电气控制箱外壳是用薄钢板经冲压、折卷和封边等工艺做成，也有使用玻璃钢等材料塑造成形的。箱体上有可开启的检修门，箱体内装有各种电气元件，整体式控制箱的面板上设有控制按钮。使用便携操纵盒的，其连接电缆从控制箱引出。有的控制箱还装有摄像监视装置的显示器台架，方便操作人员的观察和控制。

电气控制箱应满足以下要求：

(1) 固定式电气控制箱必须安装牢靠，电气元件的安装基板必须采用绝缘材料。

(2) 电气控制箱必须装有安全锁，避免闲杂人员触摸开启。

(3) 电气控制箱壳体必须完好无损，符合防雨、防晒、防砸和防尘等密封要求。

(4) 如因双笼载物或摇臂把杆吊物的需要配置多台卷扬机的，则应分别设置控制电路，实施“一机一闸一漏”，即每台卷扬机必须单独设置电闸开关和漏电保护开关。

(5) 电气控制箱的高度、位置和方向应方便司机操作。

2. 电气元件

物料提升机的电气元件可分为控制操作元件、保护元件和功能元件三类。

(1) 控制操作元件。控制操作元件是提供适当送电方式经功能元件指令其动作的器件。如继电器（交流接触器）、操纵按钮、紧急断电开关和各类行程开关（上下极限、超载限制器）等。物料提升机禁止使用倒顺开关控制；携带式控制装置应密封、绝缘，控制回路电压不应大于36V，其引线长度不得超过5m。

(2) 保护元件。保护元件是保障各元件在电气系统有异常时不受损或停止工作的器件。如短路保护器（熔断器、断路器）、失压保护器，过电流保护器和漏电保护器等。漏电保护器的额定漏电动作电流应不大于30mA，动作时间应小于0.1s。

(3) 功能元件。功能元件是将电源送递执行动作的器件。如声光信号器件、制动电磁铁等。

3. 电缆电线

（1）如采用携带式操纵装置，应使用有橡胶护套绝缘的多股铜芯电缆线，操纵装置的壳体应完好无损，有一定的强度，能耐受跌落等不利的使用条件，电缆引线的长度不得大于 5m。

（2）接入电源应使用电缆电线，宜使用五芯电缆线。架空导线离地面的直接距离、离建筑物或脚手架的安全距离均应大于 4m。架空导线不得直接固定在金属支架上，也不得使用金属裸线绑扎。

（3）电缆电线不得有破损、老化，否则应及时更换。动力设备的控制开关严禁采用倒顺开关。

（4）电控箱内的接线柱应固定牢靠，连线应排列整齐，保持适当间隔；各电气元件、导线与箱壳间以及对地绝缘电阻值应不小于 0.5MΩ，电气线路的边缘电阻不应小于 1MΩ。

四、安全装置与辅助部件

物料提升机的安全装置主要包括安全停靠装置、断绳保护装置、上极限限位器、下极限限位器、紧急断电开关、缓冲器、超载限制器、信号装置和通信装置等。

物料提升机的辅助部件包括附墙架、地锚和缆风绳等。

第三节　物料提升机的工作原理

施工现场的物料提升机一般用电力作为原动力，通过电能转换成机械能，实现能量转换，完成载物运输的过程。可简单表示为：电源→电动机转换为机械能→减速器改变转速和扭力→卷扬机卷筒（或曳引轮）→牵引钢丝绳→滑轮组改变牵引力的方向和大小→吊笼载物升降（或摇杆吊运物料）。

一、电气控制工作原理

施工现场的配电系统将电源输送到物料提升机的电控箱，电控箱内的电路元件则按照控制要求，将电送达电动机，电动机通电运转，将电能转换成所需要的机械能。如图 2-40 所示。

电气安全技术要求如下：

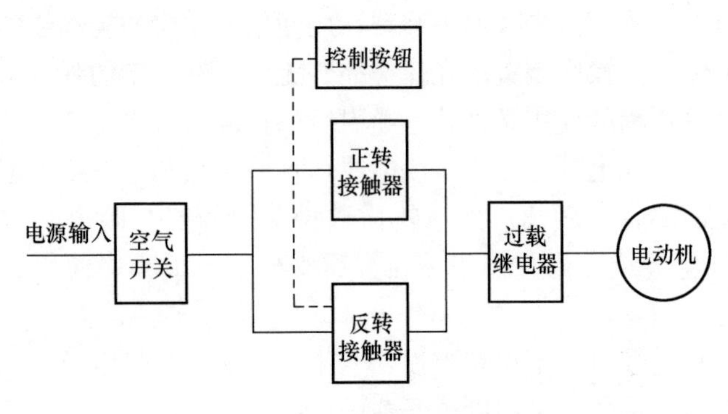

图 2-40　控制方向框图

（1）选用的电气设备及元件应满足物料提升机的工作性能、工作环境等条件的要求。

（2）物料提升机的总电源应装设短路保护及漏电保护装置，电动机的主回路应装设失压及过电流保护装置。

（3）物料提升机电气设备的绝缘电阻不应小于 0.5MΩ，电气线路的绝缘电阻不应小于 1MΩ。

（4）物料提升机防雷及接地应符合现行行业标准《施工现场临时用电安全技术规范》JGJ 46 内的相关规定。

（5）应采用密封、绝缘的携带式控制开关，控制线路电压不应大于 36V，引线长度不宜大于 5m。

（6）工作照明开关应与主电源开关相互独立，并有明显标志。当主电源被切断时，工作照明不应断电。

（7）动力设备的控制开关严禁采用倒顺开关。

（8）物料提升机电气设备的制作和组装，应符合现行国家标准《低压成套开关设备和控制设备》GB/T 7251 和现行行业标准《施工现场临时用电安全技术规范》JGJ 46 的相关规定。

二、牵引系统工作原理

电动机通过联轴器与减速机的输入轴相连。当减速机完成减慢转速，增大扭矩的变换之后，减速器的输出轴与钢丝绳卷筒啮合，驱动卷筒以慢速大扭矩转动，缠卷牵引钢丝绳输出牵引力。

当电动机断电时，常闭式制动器产生制动力，锁死电动机轴或减速机输入轴，与之啮合的卷筒同时停止转动，保持静止状态。变速传递路径如图 2-41 所示。

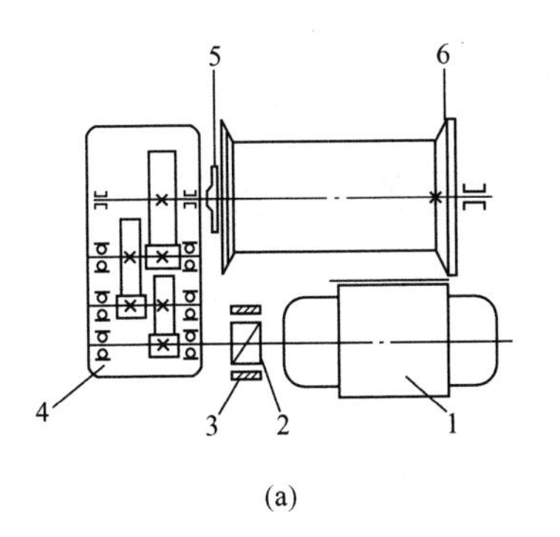

(a)

(b)

图 2-41　JK 型卷扬机传动

(a) 示意图；(b) 实物图

1—电动机；2—联轴器；3—电磁制动器；

4—圆柱齿轮减速器；5—联轴节；6—卷筒

曳引式卷扬机属于摩擦式卷扬机，依靠钢丝绳与驱动间的摩擦力来传递牵引力。无论吊笼是否载重，其牵引钢丝都须张紧，才能对驱动轮有压力，产生足够的摩擦牵引力。因曳引机通常直接设置在架体的底部，除有吊笼外，还需有对重块来保持张力平衡。当吊笼上升时，对重块下降；吊笼下降时，对重块上升。

三、动力与传动装置安全技术

物料提升机动力与传动装置如图 2-42 所示。

1. 卷扬机

(1) 卷扬机的牵引力应满足物料提升机的设计要求。

(2) 卷筒节径与钢丝绳直径的比值不应小于 30。

(3) 卷筒两端的凸缘至最外层钢丝绳的距离不应小于钢丝绳直径的两倍。

(4) 钢丝绳在卷筒上应整齐排列，端部应与卷筒压紧装置牢固连接。当吊笼处于最低位置时，卷筒上的钢丝绳不应少于

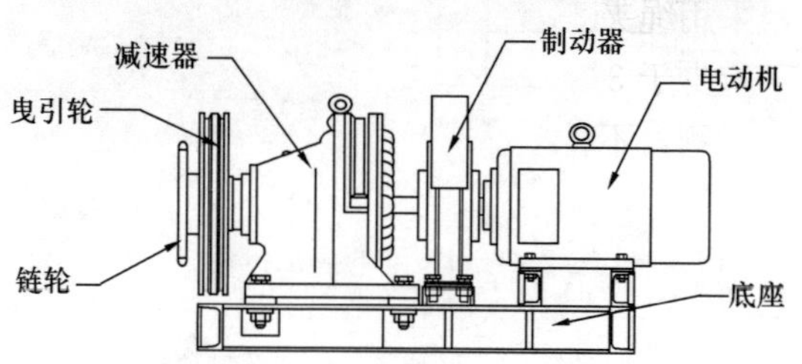

图 2-42　物料提升机动力与传动装置

3 圈。

（5）卷扬机应设置防止钢丝绳脱出卷筒的保护装置。该装置与卷筒外缘的间隙不应大于 3mm，并具备足够的强度。

（6）物料提升机严禁使用摩擦式卷扬机。

2. 曳引机

（1）曳引轮直径与钢丝绳直径的比值不应小于 40，包角不宜小于 150°。

（2）当曳引钢丝绳为 2 根及以上时，应装设曳引力自动平衡装置。

3. 滑轮

（1）滑轮直径与钢丝绳直径的比值不应小于 30。

（2）滑轮应设置防钢丝绳脱出装置，并符合规范的规定。

（3）滑轮与吊笼或导轨架连接时，应采用刚性连接。严禁采用钢丝绳等柔性连接或使用开口拉板式滑轮。

4. 钢丝绳

（1）自升平台钢丝绳直径不应小于 8mm，安全系数不应小于 12。

（2）提升吊笼钢丝绳直径不应小于 12mm，安全系数不应小于 8。

（3）安装吊杆钢丝绳直径不应小于 6mm，安全系数不应小于 8。

（4）缆风绳直径不应小于 8mm，安全系数不应小于 3.5。

（5）当采用绳夹来固定钢丝绳端部时，绳夹规格应与绳径匹配，数量不应少于 3 个，间距不应小于绳径的 6 倍，绳夹夹座应安放在长绳一侧，不得正反交错设置。

第四节　物料提升机的安全装置与防护设施

为了保证物料提升机安全可靠地工作，需要在物料提升机上装设安全装置和防护设施。其中，提升机的安全装置主要包括：安全停靠装置、断绳保护装置、上极限限位器、下极限限位器、急停开关、缓冲器、超载限制器、信号装置和通信联络装置等。防护设施有：底层围栏和安全门、楼层通道口安全门、上料口防护棚、警示标识以及电气防护等。

一、安全装置

一般情况下，低架提升机应设置安全停靠装置、断绳保护装置、上极限限位器、紧急断电开关和信号装置等安全装置；高架提升机除了应设置低架提升机的全部安全装置外，还应设置下极限限位器、缓冲器、超载限制器和通信装置。如图 2-43 所示。

1. 安全停靠装置

安全停靠装置的主要作用是当吊笼运行到位，出料门打开后，如突然发生钢丝绳断裂，吊笼将可靠地悬挂在架体上，从而起到避免吊笼坠落，保护施工人员安全的作用，该安全装置能使吊笼可靠定位，并能承受吊笼自重，额定载荷，装卸物料人员重

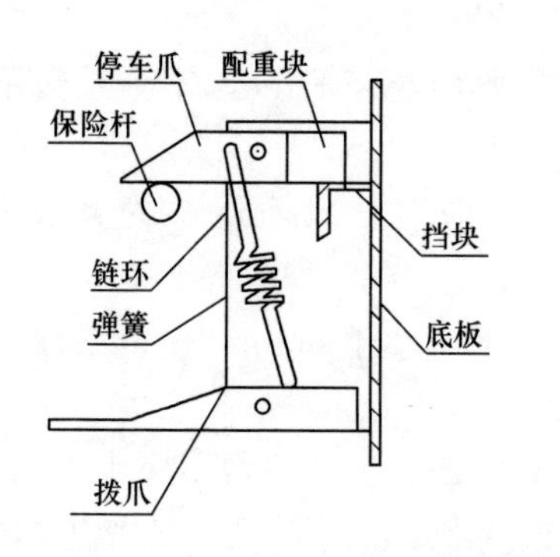

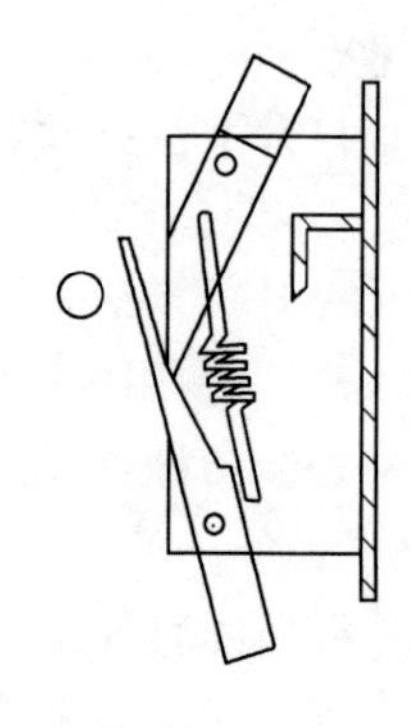

图 2-43　安全停靠装置原理图

量及装卸时的工作载荷。此时钢丝绳不受力，只起保险作用。停靠装置为非标部件，形式不一，有手动机械式也有弹簧自动及电磁联动式；挂靠吊笼的部件可以是挂钩、锲块，也可以是弹闸、销轴，不论采用何种形式，在吊笼停靠时，都必须保证与架体可靠连接。

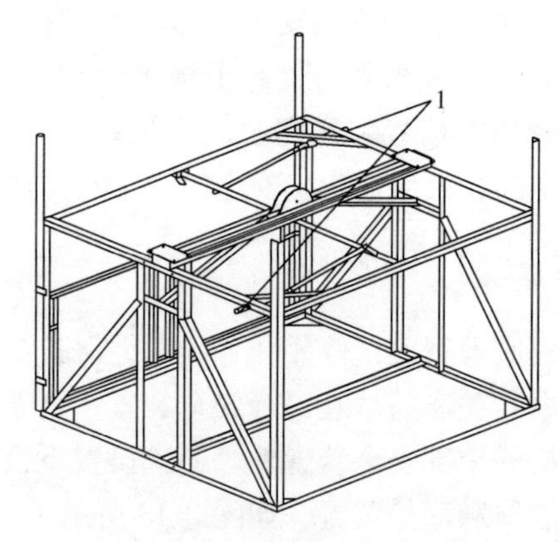

图 2-44　插销式楼层安全停靠装置

1）插销式楼层安全停靠装置

如图 2-44 所示，是一种吊笼内置式井架物料提升机插销式楼层安全停靠装置，主要由安装在吊笼两侧的吊笼上部对角线上的悬挂插销、连杆、传动臂和吊笼出料门碰撞块以及安装在井架架体两侧的三角形悬挂支架等组成。它的工作原理是：当吊笼在某一楼层停靠，打开吊笼出料门时，出料门上的碰撞块推动停靠装置的转动臂，并通过连杆使得插销伸出，悬挂在井架架体上的三角形悬挂支撑架上。当出料门关闭时，连杆驱动插销缩回，从三角形悬挂支撑架上脱离，吊笼可正常升降工作。这一停靠装置，也可不与门联动，在靠出料门一侧，设置把手，在人上吊笼前，拨动把手，把手推动连杆，使插销伸出，挂在架体上。当人出来，恢复把手位置，插销缩进。

该装置在使用中应注意：吊笼必须完全将出料门关闭后才能下降，同样吊笼停靠时只有将门完全打开后，才能保证停靠装置插销完全伸出，使吊笼与架体可靠连接。

2）牵引式楼层安全停靠装置

牵引式楼层安全停靠装置的工作原理如图 2-45 所示，利用断绳保护装置作为停靠装置，当吊笼出料门打开时，出料门上的碰撞块推动停靠装置的转动臂并通过断绳保护装置滚轮悬挂板上的钢丝绳牵引带动模块夹紧在导轨架上，以防止吊笼坠落。它的优点是不需要在架体上安装停靠支架，缺点是当吊笼的连锁门开启不到位或拉索断裂时，易造成停靠失效。因此，在使用时应特别注意停靠制动的有效性。

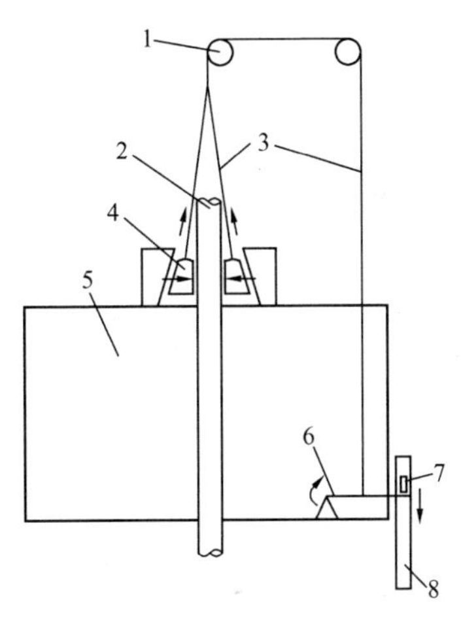

图 2-45　牵引式楼层安全停靠装置

1—导向滑轮；2—导轨；3—拉索；4—楔块抱闸；5—吊篮；6—转动臂；7—碰撞块；8—出料门

3）连锁式楼层安全停靠装置

如图 2-46 所示为连锁式楼层安全停靠装置示意图，其工作原理是当吊笼到达指定楼层，工作人员进入吊笼之前，要开启上下推拉的出料门。吊笼出料门向上提升时，吊笼门平衡重 1 下降，拐臂杆 2 随之向下摆，带动拐臂 4 绕转轴 3 顺时针旋转，随之放松拉线 5，插销 6 在压簧 7 的作用下伸出，挂靠在架体的停靠横担 8 上。吊笼升降之前，必须关闭出料门，门向下运动，吊笼门平衡重 1 上升，顶起拐臂杆 2，带动拐臂 4 绕转轴 3 逆时针旋转，随之拉紧拉线 5，拉线将插销从横担 8 上抽回并压缩压簧，吊笼便可自由升降。

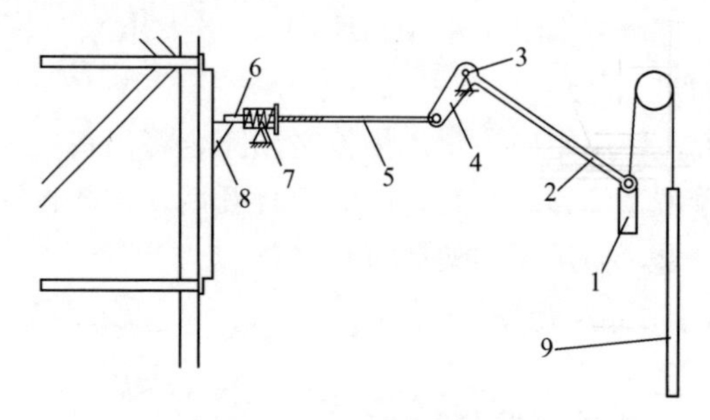

图 2-46　连锁式楼层安全停靠装置

1—吊笼门平衡重；2—拐臂杆；3—转轴；4—拐臂；5—拉线；6—插销；7—压簧；8—横担；9—吊笼门

2. 断绳保护装置

断绳保护装置又称为防坠安全装置，在钢丝绳突然断裂或钢丝绳尾部的固定松脱时能立刻动作，使吊笼可靠停住并固定在架体上，阻止吊笼坠落。因锁紧作用的发生有一个延时的过程，冲击力减弱，对架体和吊笼损伤较小。采用此类防坠装置必须保证摩擦锁紧效果，注意保持导轨、偏心轮、斜楔或旋撑杆的清洁，尤其是锁紧面不得沾有油污。

任何形式的防坠安全装置，当绳断或固定松脱时，吊笼锁住前的最大滑行距离，在满载情况下不得超过 1m。断绳保护装置按外形特点可分为：楔块式和偏心轮式；按工作原理可分为：弹簧插销式、重锤式等。

1）弹闸式防坠装置

如图 2-47 所示，为弹闸式防坠装置，其工作原理是：当起升钢丝绳 4 断裂，弹闸拉索 5 失去张力，弹簧 3 推动弹间销轴 2 向外移动，使销轴 2 卡在架体缀杆 6 上，瞬间阻止吊笼坠落。该装置在作用时会对架体缀杆和吊笼产生较大的冲击力，容易造成架体、横梁缀杆和吊笼的损伤。

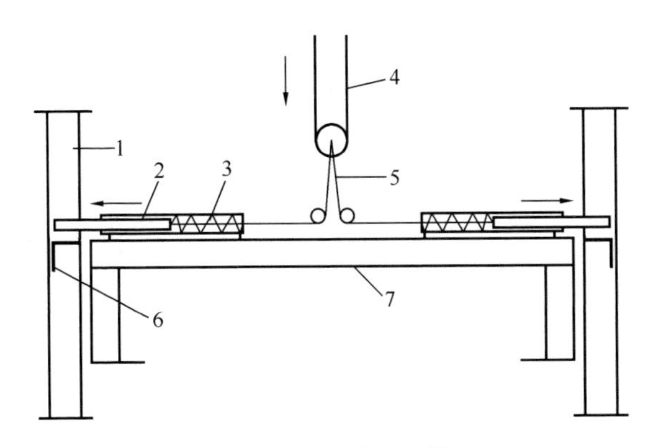

图 2-47　弹闸式防坠装置

1—架体；2—弹闸；3—弹簧；4—起升钢丝绳；
5—弹闸拉索；6—架体横缀杆；7—吊笼横梁

2）夹钳式断绳保护装置

夹钳式断绳保护装置的防坠制动工作原理是：当起升钢丝绳突然发生断裂，吊笼处于坠落状态时，吊笼顶部带有滑轮的平衡梁在吊笼两端长孔耳板内由于自重作用下移时，防坠装置的一对制动夹钳在弹簧力的推动下，会迅速夹紧在导轨架上，从而避免了吊笼坠落。当吊笼正常升降时，由于滑轮平衡梁在吊笼两侧长孔耳板内抬升上移并通过拉环压缩防坠装置的弹簧，使制动夹钳脱离导轨，如图 2-48 所示。

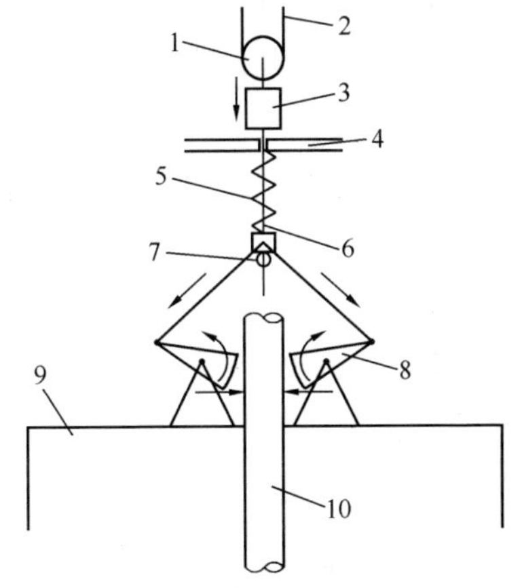

图 2-48　夹钳式断绳保护装置

1—提升滑轮；2—提升钢丝绳；3—平衡梁；
4—防坠器架体（固定在吊篮上）；
5—弹簧；6—拉索；7—拉环；
8—制动夹钳；9—吊篮；10—导轨

3）拨杆楔形断绳保护装置

如图 2-49 所示，为一拨杆楔形断绳保护装置。它的工作原理是当吊笼起升钢丝绳发生意外断裂时，滑轮 1 失去钢丝绳的牵引，在拉簧 2 和自重的作用下，沿耳板 3 的竖向槽下落，传力钢丝绳 4 松弛，摆杆 6 在拉簧 2 的作用下，绕转轴 7 转动，带动拨杆 8 偏转，拨杆上挑，通过拨销 9 带动楔块 10 向上，在锥度斜面的作用下抱紧架体导轨，使吊笼迅速有效制动，从而防止吊笼发生坠落事故。正常工作时则相反，吊笼钢丝绳提起滑轮 1，绷紧传力钢丝绳 4，在传力钢丝绳 4 的拉力下，摆杆 6 绕转轴 7 转动，带动拨杆 8 反向偏转，拨杆下压，通过拨销 9，带动楔块 10 向下，在锥度斜面的作用下，使楔块与架体导轨松开。

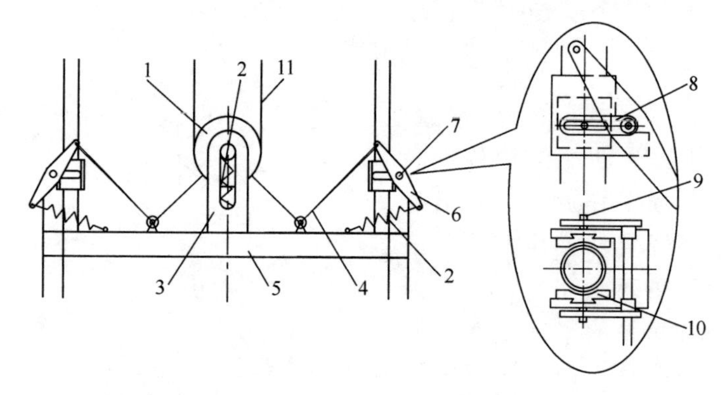

图 2-49　拨杆楔形断绳保护装置

1—滑轮；2—拉簧；3—耳板；4—传力钢丝绳；5—吊笼；6—摆杆；7—转轴；8—拨杆；9—拨销；10—楔块；11—起升钢丝绳

4）旋撑制动保护装置

如图 2-50 所示，旋撑制动保护装置具有一个浮动支座，支座的两侧分别由旋转轴固定的两套撑杆、摩擦制动块、拨叉、支杆、弹簧和拉索等组成。其工作原理是：使用时，两摩擦制动块置于提升机导轨的两侧。当提升机钢丝绳 6 断裂时，拉索 4 松弛，弹簧拉动拨叉 2 旋转，提起撑杆 7，带动两摩擦块向上并向导轨方向运动，卡紧在导轨上，使浮动支座停止下滑，进而防止吊笼坠落。

5）惯性楔块保护装置

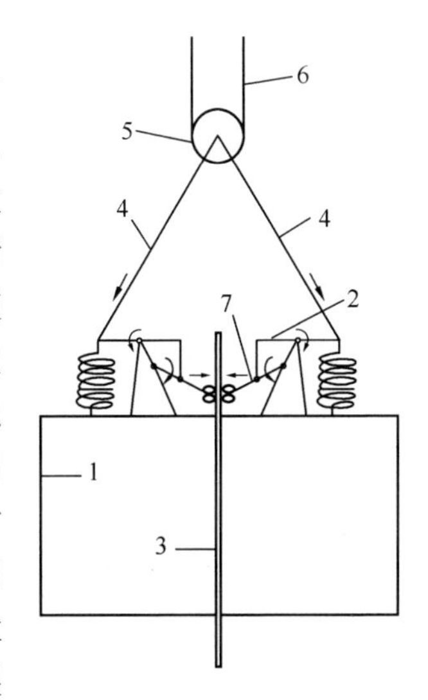

图 2-50 旋撑制动保护装置

1—吊笼；2—拨叉；3—导轨；4—拉索；5—吊笼提升动滑轮；6—提升机钢丝绳；7—撑杆

该装置主要由悬挂弹簧、导向轮悬挂板、楔形制动块、制动架、调节螺栓和支座等组成。防坠装置分别安装在吊笼顶部的两侧。该断绳保护装置主要是利用惯性原理使防坠装置的制动块在吊笼突然发生钢丝绳断裂下坠时能紧紧夹在导轨架上。当吊笼在正常升降时，导向轮悬挂板悬挂在悬挂弹簧上，此时弹簧处于压缩状态，相应地锲形制动块与导轨架会自动处于脱离状态。当吊笼起升钢丝绳突然断裂时，由于导向轮悬挂板突然发生失重，原来受压的弹簧突然释放，导向轮悬挂板在弹簧力的推动作用下向上运动，带动楔形制动块紧紧夹在导轨架上，从而避免吊笼坠落。

3. 楼层口停靠栏杆

由于建筑施工常常处于立体交叉作业中，不同楼层都可能有作业人员，需要在建筑物各楼层的通道口处设置常闭型的停靠栏杆或停靠门。当提升机向预定的楼层运料时，其他各楼层的停靠栏杆或停靠门不应开启，各层作业人员及物料不能提前进入通道口（应在停靠栏杆之后）。当吊笼运行到预定楼层时，该层停靠栏杆或停靠门方可打开，防止吊笼运行中发生碰撞与坠落事故。

4. 吊笼安全门

吊笼安全门在吊笼运行到位时，可作为装卸人员进入吊笼内作业的临边防护；在吊笼上下运行过程中，安全门应始终封闭吊笼进出料口，这样不仅防止吊笼内作业人员发生高处坠落，也可防止物料从吊笼中滚落。

5. 上料口防护棚

需要在提升机架体地面进料口的上方设置防护棚，防止进料口处的物体打击事故。

防护棚应采用 5cm 厚的木板来制作，其保护范围按提升机高度和落物的坠落半径来要求，低架提升机防护棚长度不小于 3m。

6. 架体防护

为防止吊笼运行中因物料坠落发生物体打击事故，应沿架体外侧（井字架则沿架体外侧，龙门架则搭设防护架）封挂立网。

7. 上极限限位器

该装置的作用是控制吊笼上升的最大高度（吊笼上口与天梁部件最低处的距离不小于 3m），为防止吊笼运行到位因故不能停车时发生与天梁碰撞的事故。

8. 紧急断电开关

当安全装置发生故障，不能保护提升机的安全运行或需要切断其他故障时，可直接操作紧急断电开关，切断提升机的总控制电源，避免故障扩大造成事故。紧急断电开关应设置在便于司机操作的位置。

高架物料提升机除应配备低架物料提升机规定的安全装置外，还应具备以下安全装置：

1）下极限限位器

下极限限位器应安装在架体的底部，使吊笼在下降碰到缓冲器之前，限位器能够动作，切断电源，使吊笼停止下降。

2）缓冲器

缓冲器一般采用弹簧式或橡胶式，能承受相应的冲击力。当吊笼以额定载荷和规定的速度作用到缓冲器上时，缓冲器可以平稳地停止吊笼。

3）超载限制器

超载限制器是用来控制吊笼内物料不超过额定载荷的。

当载荷达到额定载荷的 90%时，能发出报警信号；载荷超过额定荷载时，则切断起升电源。

4）通信装置

通信装置是一个闭路的双向电气通信系统。当司机不能清楚地看到操作者和信号指挥人员时，可以通过它与每一层站取得联系，并能向每层站讲话。

5）吊笼

由于高架提升机上下运行的距离长，经过的作业楼层多，进入吊笼内作业人员被落物击伤的可能性大，因此规定高架提升机需要使用吊笼。

吊笼除应设安全门及周围防护外，还应在上部设置防护顶板，其材料可选用 5cm 厚的木板或其他相当强度的材料。

二、防护设施

1. 安全门与防护棚

1）底层围栏和安全门。为防止周围闲杂人员进入物料提升机的作业区，或散落物坠落伤人，应在底层应设置不低于 1.5m 高的围栏，并在进料口设置安全门。

2）层楼通道口安全门。为避免施工作业人员不慎进入运料通道发生坠落，宜在每层楼通道口设置常闭状态的安全门或栏杆，只有在吊笼运行到位时才能打开。宜采用连锁装置的形式，门或栏杆的强度应能承受 1kN（100kg 左右）的水平荷载。

3）上料口防护棚。物料提升机的进料口是运料人员经常出入和停留的地方，吊笼在运行过程中有可能发生坠物伤人事故，因此在地面进料口搭设防护棚十分必要。需要根据吊笼运行高度和坠物坠落半径，搭设防护棚。高低架物料提升机进料口防护棚长度应分别大于 5m 和 3m。

4）警示标识。应在物料提升机进料口悬挂严禁乘人标识和限载警示标识。

2. 电气防护

物料提升机应当采用 TN-S 接零保护系统。该接零保护系统工作零线（N 线）与保护零线（PE 线）分开设置。

1）提升机的金属结构及所有电气设备的金属外壳都应可靠接地，其接地电阻值不应大于 10Ω。

2）若物料提升机在相邻建筑物、构筑物的防雷装置保护范围以外，就需要安装防雷装置。

（1）防雷装置的冲击接地电阻值不得大于 30Ω。

（2）接闪器（避雷针）可采用长 1～2m、ϕ16 的镀锌圆钢。

（3）提升机的架体可作为防雷装置的引下线，但架体必须有可靠的电气连接。

3）装有防雷接地的物料提升机，上面的电气设备所连接的 PE 线必须同时做重复接地。

4）同一台物料提升机的重复接地和防雷接地可共用一个接地体，但接地电阻值应符合重复接地对电阻值的要求。

5）接地体可分为自然接地体和人工接地体两种。

（1）自然接地体是指原已埋入地下可兼作接地用的金属物体。

（2）人工接地体是指人为埋入地中直接与地接触的金属物体。

三、安全装置与防护设施技术要求

1. 安全装置

1）当荷载达到额定起重量的 90%时，起重量限制器应发出警示信号；当荷载达到额定起重量的 110%时，起重量限制器应立即切断上升主电路的电源。

2）当提升吊笼的钢丝绳发生断绳时，防坠安全器应制停带有额定起重量的吊笼，且不应造成结构损坏。自升平台应采用渐进式防坠安全器。

3）安全停层装置应为刚性机构，当吊笼停层时，安全停层装置应能可靠承担吊笼自重、额定荷载及运料人员等全部工作荷载。在吊笼停层后，底板与停层平台的垂直偏差不应大于 50mm。

4）限位装置应符合下列规定：

（1）上限位开关。当吊笼上升至限定位置时，触发上限位开关，吊笼被制停，上部越程距离不应小于3m。

（2）下限位开关。当吊笼下降至限定位置时，触发下限位开关，吊笼被制停。

5）紧急断电开关应为非自动复位型，任何情况下均可切断主电路电源，停止吊笼的运行。紧急断电开关应设在便于司机操作的位置。

6）缓冲器应承受吊笼及对重下降时产生的相应冲击荷载。

7）当司机观察吊笼升降运行、停层平台的视线不清时，必须设置通信装置，通信装置应同时具备语音和影像显示功能。

2. 防护设施

1）防护围栏应符合下列规定：

（1）物料提升机的地面进料口应设置防护围栏；围栏高度不应小于1.8m，可采用网板结构作为围栏立面。

（2）进料口门的开启高度不应小于1.8m，进料口门应装有电气安全开关，在进料口门关闭后吊笼才能启动。

2）停层平台及平台门应符合下列规定：

（1）停层平台的搭设应符合现行的行业标准《建筑施工扣件式钢管脚手架安全技术规范》JGJ 130（以下简称《规范》）及其他相关标准的规定，并能承受3kN/m的荷载。

（2）停层平台外边缘与吊笼门外缘的水平距离不宜大于100mm，与外脚手架外侧立杆（当无外脚手架时与建筑结构外墙）的水平距离不宜小于1m。

（3）停层平台两侧的防护栏杆、挡脚板应符合《规范》第3.0.5条的规定。

（4）平台门应采用工具式、定型化，强度应符合《规范》第4.1.8条的规定。

（5）平台门的高度不宜低于1.8m，宽度与吊笼门宽度差不应大于200mm，并应安装在台口外边缘处，与台口外边缘的水平距离不应大于200mm。

(6) 平台门下边缘以上 180mm 内应采用厚度不小于 1.5mm 钢板进行封闭，与台口上表面的垂直距离不宜大于 20mm。

(7) 平台门应向停层平台的内侧开启，并应处于常闭状态。

3) 进料口的防护棚应设在提升机地面进料口上方，其长度不应小于 3m，宽度应大于吊笼宽度。可采用厚度不小于 50mm 的木板搭设。

第五节 物料提升机的基础与稳固

一、地基与承载力

物料提升机的基础必须能够承受架体的自重、载运物料的重量以及缆风绳、牵引绳等产生的附加重力和水平力。物料提升机生产厂家的产品说明书一般都提供了典型的基础方案，当现场条件相近时宜直接采用。当制造厂未规定地基承载力要求时，对于低架提升机，应先清理、夯实、整平基础土层，使其承载力不小于 80kPa。在低洼地点，应在离基础适当距离外，开挖排水沟（槽），排除积水。无自然排水条件的，可在基础边设置集水井，用抽水设备排水。高架提升机的基础则需要进行设计，计算时应考虑载物、吊具和架体等重力，还必须注意到附加装置和设施产生的附加力，如：安全门、附着杆、钢丝绳、防护设施以及风载荷等产生的影响。当地基承载力不足时，应采取措施，使之达到设计要求。

当基础设置在构筑物上，如在地下室顶板上，屋面构筑在梁、板上时，应验算承载梁板的强度，保证能可靠承受作用在其上的全部荷载。必要时应采取措施，对梁板进行支撑加固。

二、物料提升机基础

1. 无论是采用厂家典型方案的低架提升机，还是有专门设计方案的高架提升机，其基础设置在地面上的，应采用整体混凝土基础。基础内应配置构造钢筋。基础最小尺寸不得小于底架的外廓，厚度不小于 300mm，混凝土强度等级不低于 C20，基础土层的承载力不应小于 80kPa。

2. 放置在地面的驱动卷扬机应有适当的基础，不论在卷扬机前后是否有锚桩或绳索固定，均宜用混凝土或水泥砂浆找平，一般厚度不小于 200mm，混凝土强度等级不低于 C20，水泥砂浆的强度等级不低于 M20，基础表面应平整，水平度不应大于 10mm。

3. 保持物料提升机与基坑（沟、槽）边缘 5m 以上的距离，尽量避免在其近旁进行较大的振动施工作业。如无法避让时，必须有保证架体稳定的措施。

三、预埋件和锚固件

1. 混凝土基础浇捣前，应根据物料提升机型号和底架的尺寸，设置固定底架、导向滑轮座的钢制预埋件或地脚螺栓等锚固件。

2. 卷扬机基础也应设置预埋件或锚固的地脚螺栓。由于架体，底座的材质多样，可焊性很难确定，因此固定在预埋件或锚固件上时，不宜直接采用电焊固定，宜用压板、螺栓等方法将架体、底座与预埋件、锚固件连接。

四、附墙架

为防止物料提升机架体倾倒，有条件附墙的低架提升机以及所有高架提升机都应采用附墙架稳固架体。附墙架的支撑主杆件应使用刚性材料，不得使用软索。常用的刚性材料有角钢、钢管等型钢。

附墙架与建筑连接应采用预埋件、穿墙螺栓或穿墙管件等方式。采用紧固件的，应保证有足够的连接强度。不得采用钢丝、铜线绑扎等非刚性连接方式，并严禁与建筑脚手架相牵连。

附墙架安全技术要求如下：

1. 当导轨架的安装高度超过设计的最大独立高度时，必须安装附墙架。

2. 宜采用制造商提供的标准附墙架，当标准附墙架结构尺寸不能满足要求时，可经设计计算采用非标附墙架，并应符合下列规定：

(1) 附墙架的材质应与导轨架相一致。

(2) 附墙架与导轨架及建筑结构采用刚性连接，不得与脚手架连接。

(3) 附墙架间距、自由端高度不应大于使用说明书的规定值。

五、缆风绳

当施工现场条件有限，低架物料提升机无法设置附墙架时，可采用缆风绳稳固架体。缆风绳的上端与架体连接，下端一般与地锚连接，通过适当张紧缆风绳，保持架体垂直和稳定。

高架提升机架体不得采用缆风绳等软索稳固。

缆风绳应使用钢丝绳，不得使用钢丝、钢筋和麻绳等代替。钢丝绳应能承受足够的拉力，选用时应根据现场的实际情况来计算确定。缆风钢丝绳的直径不得小于 9.3mm，安全系数不得小于 3.5。

缆风绳与架体的连接应设置在主位杆与腹杆节点等加强处，应采用护套、连接耳板和卸扣等进行连接，防止架体钢材等的棱角剪切破坏缆风绳。

缆风绳安全技术要求：

1. 第一组四根缆风绳与导轨架的连接点应在同一水平高度，且应对称设置；缆风绳与导轨架的连接处应采取措施防止钢丝绳受剪切破坏。

2. 缆风绳宜设在导轨架的顶架上；当中间设置缆风绳时，应采取增加导轨架刚度的措施。

3. 缆风绳与水平面夹角宜在 45°～60°，并应采用与缆风绳等强度的花篮螺栓与地锚连接。

4. 当物料提升机安装高度大于或等于 30m 时，则不能使用缆风绳。

六、地锚

地锚是提供给架体缆风绳和卷扬机曳引机的锚索钢丝绳的拴固物件。采用缆风绳稳固架体时，应拴固在地锚上，不得拴固在树木、电杆、脚手架和堆放的材料设备上。地锚的形式通常有三种：水平式、桩式和压重式。

地锚安全技术要求：

1. 应根据导轨架的安装高度及土质情况设计计算，确定地锚。

2. 30m以下物料提升机可采用桩式地锚。当采用钢管（48mm×3.5mm）或角钢（75mm×6mm）时，不应少于2根；且需并排设置，间距不应小于0.5mm，打入深度不应小于1.7m，顶部应设有防止缆风绳滑脱的装置。

第三章 物料提升机安全操作技能

第一节 物料提升机使用前的准备

物料提升机安装后必须经过调试、检查、验收等准备工作后才能投入正常使用。调试、检查和验收是物料提升机正常、安全使用的必要程序。

一、物料提升机的调试

物料提升机的调试是安装工作的重要组成部分和不可缺少的程序，也是安全使用的保证措施。调试应包括调整和试验两方面内容。调整须在反复试验中进行，试验后一般也要进行多次调整，直至符合要求。物料提升机的调试主要有以下几项：

1. 架体垂直度的调整

架体是物料提升的主要承载结构，安装和使用过程中必须保证其垂直度，才能达到设计的承载能力。

架体垂直度的调整应在架体安装过程中按不同高度分别进行，通常每安装两个标准节时应设置临时支撑或缆风绳，此时即进行架体的垂直度校正；安装相应高度附墙架或缆风绳时再进行微量调整，安装达预定高度后进行垂直度复测。测量垂直度时，先将吊笼下降至地面，使用线坠或经纬仪从垂直于吊笼长度方向（*X* 向）与平行于吊笼长度方向（*Y* 向）分别测量架体的垂直度，重复 3 次取平均值，并做记录，安装垂直度偏差应保持在3/1000以内，且不得大于 200mm。

2. 缆风绳张力的调整

缆风绳是保持物料提升机架体稳定的重要构件，为保证架体的稳定，缆风绳在安装时应及时张紧。建筑物料提升机缆风绳通常采用花篮螺栓来张紧，张紧力的大小可以用测力计直接测量，也可以通过测量缆风绳的垂度（钢丝绳在自重下，与张紧后理想直线间的偏移距离）来间接判断，一般缆风绳的垂度不应大于缆风绳长度的1%。但由于现场条件的限制，很难精确测量，可在花篮螺栓调紧时用手感觉进行经验判断。

3. 导靴与导轨间隙的调整

在吊笼就位穿绕钢丝绳后，开动卷扬机，使吊笼离地0.5m以下，按设备使用说明书要求调整导靴与导轨间隙。说明书没有明确要求的，导靴与导轨间隙可控制在5～10mm。

4. 上下极限限位装置的调整

上下极限限位装置是物料提升机的安全装置。上极限限位的位置应满足3m的越程距离；高架提升机的下极限限位，应在吊笼碰到缓冲器前就动作，否则应调整行程开关或撞铁的位置。安装和调整后要进行运行试验，直至符合要求。

5. 电动卷扬机制动器的调试

制动器的调试是在提升机安装后通过制动试验进行的。试验时，吊笼以额定载荷运行并进行制动，观察制动时是否有较大的冲击，制动时间是否过长，制动后吊笼有无下滑现象等。若存在以上现象，则需要对制动器进行调整。制动器的调整是通过调整主弹簧的张力实现的，增大主弹簧的张力可以增大制动力矩，防止制动后吊笼下滑。但制动力矩过大，松闸间隙过小，又会造成较大的制动冲击，因此，在调整主弹簧张力的同时还应对松闸间隙进行调整，松闸间隙是靠闸瓦上的两个调整螺钉调整的。松闸间隙应根据产品说明书要求进行调整，无相关资料时，可控制在0.8～1.5mm。

通过上述调整后，必须进行满负荷制动试验，若未达到要求，应再次对制动器进行调整、试验，直至符合要求。

6. 断绳保护装置的调试

对渐进式（楔块抱闸式）的安全装置，可进行坠落试验。试验时将吊笼降至地面，先检查安全装置的间隙和摩擦面清洁情况，符合要求后将额定载重量在吊笼内均匀放置。将吊笼提升至3m左右，利用停靠装置将吊笼挂在架体上，放松提升钢丝绳1.5m左右，然后松开停靠装置，模拟吊笼坠落，吊笼应在1m距离内停靠住。超过1m时，应在吊笼落地后调整模块间隙，重复上述过程，直至符合要求。

其他类型的断绳保护装置的调试可按其说明书要求进行。

7. 超载限制器的调试

将吊笼提升至距地面200mm处，逐步加载，当载荷达到额定载荷90%时应能报警；继续加载，在超过额定载荷时，即自动切断电源，吊笼不能启动。如不符合上述要求，应调节超载限制器上调节螺栓的螺母，通过改变弹簧的预压缩量来进行调整，直至满足要求。

8. 电气装置调试

物料提升机安装完毕后，应对电气开关、按钮等进行检查和试验。例如试验升降按钮、急停开关是否可靠有效，漏电保护器是否灵敏，接地防雷装置是否可靠连接等。

9. 通信装置调试

物料提升机使用前应对声音信号、视频信号等通信装置进行调试试验，以确保通信正常。

二、物料提升机使用前的自检

物料提升机安装完毕，在正式投入使用前，应当按照安全技术标准及安装使用说明书的有关要求，对物料提升机钢结构件、提升机构、附墙架或缆风绳、安全装置和电气系统等进行自检，自检项目及要求见表3-1。

物料提升机安装使用前自检项目及要求　　表3-1

检查项目	序号	检查内容	要求	结果
架体	1	架体外观	无可见裂纹、严重变形和锈蚀	
	2	螺栓连接件	应齐全、可靠	
	3	连接销轴	应齐全、可靠	

续表

检查项目	序号	检查内容	要求	结果
架体	4	垂直度	偏差值不大于3/1000，且不大于200mm	
	5	吊笼导轨	导轨无明显变形、接缝无明显错位、吊笼运行无卡阻，导轨接点截面错位不大于1.5mm	
	6	架体开口处	须有效加固	
	7	底架与基础的连接	应可靠	
吊笼	8	吊笼外观	无可见裂纹、严重变形和锈蚀	
	9	底板	应牢固、无破损	
	10	安全门	应灵活、可靠	
	11	周围挡板、网片	高度不小于1m，且安全、可靠	
附着装置或缆风绳	12	附着装置连接	符合设计或说明书要求，且不能与脚手架等临时设施相连	
	13	附着装置间距	应符合说明书要求，且不能与脚手架等临时设施相连	
	14	附墙后自由端高度	应符合说明书要求，且应不大于9m	
	15	缆风绳安装	应符合说明书要求，且与地面夹角应不大于60°	
	16	缆风绳直径	应符合说明书要求，且应不小于9.3mm	
	17	缆风绳数量	提升机高度在20m及以下时，不少于1组4根；提升机高度大于20m时，不少于2组8根	

续表

检查项目	序号	检查内容	要求	结果
提升机构	18	卷扬机生产制造许可证、产品合格证	应齐全、有效	
	19	钢丝绳完好度	应完好，达到报废标准的应报废	
	20	钢丝绳尾部固定	有防松性能，符合设计要求	
	21	卷筒排绳	应整齐，容绳量满足需要	
	22	钢丝绳在卷筒上最少余留圈数	不少于3圈	
	23	卷筒两侧边缘的高度	超过最外层钢丝绳高度应不大于2倍钢丝绳直径	
	24	滑轮直径	应与钢丝绳匹配，低架 $D \geqslant 25d$，高架 $D \geqslant 30d$	
	25	机架固定	应牢固可靠	
	26	联轴器	应工作可靠	
	27	制动器	应有效、可靠	
	28	控制盒	按钮式应电动控制，手柄式应有零位保护；并均有急停开关，采用安全电压	
	29	操作棚	有防雨、防砸等防护功能，视线良好	
	30	摇臂把杆	工作夹角和范围应符合说明书要求，不得与缆风绳干涉且设保险绳	
安全装置和设施	31	停层安全保护装置	应设置，且安全可靠	
	32	断绳保护装置	应安全可靠，坠落距离不大于1m	
	33	上限位	应灵活有效，越程不小于3m	

续表

检查项目	序号	检查内容	要求	结果
安全装置和设施	34	下限位	高架机应设置，且灵活有效	
	35	层楼安全门	应安全可靠	
	36	底层安全围护、安全门	围护高度不小于1.5m，安全门和连锁装置有效	
	37	上料防护棚	应符合规定、有防护功能	
	38	超载限制器	高架机应设置，且灵敏可靠	
	39	缓冲装置	高架机应设置，且有效可靠	
	40	卷筒防脱绳保险	应设置，且有效可靠	
	41	滑轮防钢丝绳跳槽装置	应设置，且有效可靠	
电气装置和标志	42	接地装置	应外露牢固，接地电阻不大于10Ω	
	43	通信或联络装置	应设置	
	44	漏电开关	应单独设置	
	45	绝缘电阻	应不小于0.5MΩ	
	46	层楼标志	应齐全、醒目	
	47	限载标志	应设置，醒目	
	48	警示标牌	挂醒目位置，内容符合现场要求	
试验	49	空载试验	各机构动作应平稳、准确，不允许有震颤、冲击等现象	
	50	额定载荷试验	各机构动作应平稳，无异常现象；模拟断绳试验合格，架体、吊笼、导轨等无变形	
	51	超载试验（额定载荷的125%）	动作准确可靠，无异常现象；金属结构不得出现永久变形、可见裂纹、油漆脱落以及连接损坏、松动等现象	

三、物料提升机的试验

物料提升机安装完毕后，应进行空载试验、额定荷载试验和超载试验，试验可按如下方法进行：

1. 空载试验

在空载情况下启动提升机，将吊笼以工作速度进行上升、下降、变速和制动等试验，在全行程范围内，反复试验不得少于3次。

对双吊笼提升机，应对各单吊笼升降和双吊笼同时升降，分别进行试验。

空载试验过程中，应检查各机构动作是否平稳、准确，不允许有震颤、冲击等现象。

在进行上述试验过程中，还应同时对各安全装置进行灵敏度试验。

2. 额定载荷试验

在吊笼内施加额定荷载，使其重心位于吊笼的几何中心，沿长度和宽度两个方向，各偏移全长1/6的交点处。除按上述空载试验，还应作吊笼模拟断绳试验。

3. 超载试验

超载试验一般只在物料提升机第一次投入使用前，或经大修后进行，超载试验应符合下列规定：

载荷取额定载荷的125%（按5%逐级加荷），载荷在吊笼内均匀放置，分别做上升、下降、变速和制动（不做坠落试验）试验。试验过程中动作应准确可靠，无异常现象，金属结构不得出现永久变形、可见裂纹、油漆脱落以及连接损坏、松动等现象。

四、物料提升机的验收

物料提升机经安装单位自检合格后，使用单位应当组织产权（出租）、安装和监理等有关单位进行综合验收，验收合格后方可投入使用，未经验收或者验收不合格的不得使用；实行总承包的，由总承包单位组织产权（出租）、安装、使用和监理等有关单位进行验收。

物料提升机的验收内容主要包括：技术资料、标识与环境及自检情况等，具体内容见表 3-2。

物料提升机综合验收表 **表 3-2**

<table>
<tr><td>使用单位</td><td></td><td>型号</td><td></td></tr>
<tr><td>设备产权单位</td><td></td><td>设备编号</td><td></td></tr>
<tr><td>工程名称</td><td></td><td>安装日期</td><td></td></tr>
<tr><td>安装单位</td><td></td><td>安装高度</td><td></td></tr>
<tr><td>检查项目</td><td colspan="2">检查内容</td><td>检验结果</td></tr>
<tr><td rowspan="4">技术资料</td><td colspan="2">制造许可证、产品合格证、制造监督检验证明、产权备案证明齐全、有效</td><td></td></tr>
<tr><td colspan="2">安装单位的相应资质、安全生产许可证及特种作业岗位证书齐全、有效</td><td></td></tr>
<tr><td colspan="2">安装方案、安全交底记录齐全有效</td><td></td></tr>
<tr><td colspan="2">隐蔽工程验收记录和混凝土强度报告齐全有效</td><td></td></tr>
<tr><td rowspan="2">标识和环境</td><td colspan="2">产品铭牌和产权备案标识齐全</td><td></td></tr>
<tr><td colspan="2">与外输电线的安全距离符合规定</td><td></td></tr>
<tr><td>自检情况</td><td colspan="2">自检内容齐全，标准使用正确，记录齐全有效</td><td></td></tr>
<tr><td colspan="2">安装单位验收意见

技术负责人签章：　　　　日期：</td><td colspan="2">使用单位验收意见

项目技术负责人签章：　　　　日期：</td></tr>
<tr><td colspan="2">监理单位验收意见

项目总监签章：　　　　日期：</td><td colspan="2">总承包单位验收意见

项目技术负责人签章：　　　　日期：</td></tr>
</table>

第二节　物料提升机的管理与使用

一、物料提升机的管理制度

1. 物料提升机的人员责任制度

1）物料提升机管理人员岗位责任

（1）认真贯彻执行物料提升机管理规章制度、安全操作规程，负责检查物料提升机使用中的执行情况，发现问题及时采取措施落实整改。

（2）检查、督促操作人员共同做好物料提升机维护、保养、检修工作，保证机械、电气和附属装机工具整洁、完好，延长物料提升机的使用寿命。

（3）定期对物料提升机进行安全运行检查，切实做好安全隐患事故的预防工作。

（4）积极协助处理现场物料提升机事故，认真执行“四不放过”原则。

（5）督促、检查作业人员持证上岗、安全技术交底、常规检查、交接班等系列管理制度，认真做好各项记录。

（6）配合有关部门做好物料提升机特种作业人员的技术培训和考核、复审工作，对违反机械操作规程的作业人员提出处理意见。

2）物料提升机作业人员岗位责任

（1）遵守公司管理体系的各项规章制度，服从和接受管理人员的工作安排、安全监督和安全技术指导。

（2）必须严格遵守物料提升机的各项管理制度，执行安全技术交底，对本人所操作机械的安全运行负责。

（3）熟悉和掌握物料提升机的操作方法、日常检查和维护保养技术。

（4）操作前，必须熟悉作业环境和条件，按规定穿戴好劳动防护用品。检查物料提升机的安全、防护装置及技术性能等，并进行试运转，发现异常情况及时报告设备管理人员检查维修。

（5）作业人员操作中要集中精力，不得做与操作无关的事情，不得擅自离开岗位，严禁无关人员进入物料提升机作业区。

（6）工作完毕后，应将吊笼放至地面，拉闸断电，锁好电闸箱，并且做到工完场清。

（7）当机械发生故障时，及时停止作业，由专业维修人员检测维修，严禁机械带病作业。

2. 物料提升机司机管理制度

1）持证上岗制度

物料提升机司机属于特种作业人员，应切实做好对特种作业人员的培训、考核和管理工作，物料提升机司机特种作业人员应符合下列条件：

（1）年满 18 周岁，且符合物料提升机司机规定的年龄要求。

（2）身体健康。每年须进行一次身体检查，矫正视力不低于 5.0，没有色盲、听觉障碍、心脏病、贫血、美尼尔症、癫痫、眩晕、突发性昏厥和断指等妨碍物料提升机作业的疾病和缺陷。

（3）具有初中以上文化程度。

（4）必须经过专门的安全技术理论、操作技能培训，经建设主管部门考核合格，取得《建筑施工特种作业操作资格证》，方可从事物料提升机的操作工作。

（5）首次取得证书的人员实习操作不得少于 3 个月。

2）安全教育制度

（1）物料提升机司机应当参加年度安全教育培训或者继续教育，每年不得少于 24 小时。

（2）物料提升机安全操作知识应纳入“三级教育”内容。

（3）物料提升机司机取得岗位操作证后，每 3 年到发证部门进行一次复审培训，特种作业人员在特种作业操作证有效期内，连续从事本工种 10 年以上，严格遵守有关安全生产法律法规的，经原考核发证机关或者从业所在地考核发证机关同意，特种作业操作证的复审时间可以延长至每 6 年 1 次。

（4）对特种作业人员的教育内容包括：安全法规、本岗位职责、安全技术、安全知识、安全制度、操作规程、事故案例、注意事项和有关标准规范等，并有教育记录，归档备查。

（5）各项培训记录、考核试卷、标准答案、考核人员成绩汇总表等均应归档备查。

3）交接班制度

交接班制度是物料提升机使用与管理的一项重要制度。交接班制度明确了交接班司机的职责，交接内容和程序。交接内容主要包括对物料提升机检查情况、设备运行情况、设备作业项目、存在的问题和应注意事项的记录等，交接班应进行口头交接，填写交接班记录，并经双方签字确认，见表 3-3。

物料提升机司机交接班记录　　表 3-3

工程名称		设备编号			
设备型号		运转台时		天气	
1	物料提升机的检查情况：				
2	本班设备运行情况：				
3	本班设备作业项目：				
4	本班存在问题和应注意的事项：				
交班人（签名）：			接班人（签名）：		
交接时间：			年　　月　　日　时　　分		

3. 物料提升机设备管理制度

（1）物料提升机应由设备部门统一管理，实行专人负责制，即“管用结合，人机固定”的原则，执行定人、定机、定岗位责任的“三定”制度，不得对卷扬机和架体分开管理。

（2）实行日常检查和定期检查相结合的管理制度，并做好记录，物料提升机应纳入机械设备的档案管理，建立档案资料。

（3）应保证在用物料提升机的技术性能良好，运行正常。“失修”或“带病”的物料提升机不得投入使用。

（4）物料提升机各金属构件存放时，应放在垫木上，如在室外存放时，要有防雨、排水措施。

（5）物料提升机电气、仪表及易损件要专门安排存放，存放时注意防振、防潮。

（6）严格执行物料提升机的日常保养、换季保养、磨合期保养、停放保养制度。

（7）加强物料提升机在作业前、运行中、作业后进行的“清洁、紧固、调整、润滑、防腐”作业，保持物料提升机的应有效能，消除事故隐患。

二、物料提升机的常规检查

1. 日常检查

物料提升机司机每班使用前和使用中必须对操作的物料提升机进行检查和试车，检查和试车主要包括以下内容：

（1）架体各节点连接螺栓有无松动现象。

（2）金属结构有无开焊、裂纹和明显的变形现象。

（3）钢丝绳、滑轮组的固接情况以及卷筒的绕绳情况，如有发现斜绕或叠绕时，应松绳后重绕。

（4）附墙架的连接是否牢固，地锚与缆风绳的连接有无松动现象。

（5）进行空载试运行，升降吊笼各一次。主要观察吊笼运行通道内有无障碍物；验证上、下限位器和安全停靠装置是否灵敏可靠。

（6）进行负载运行，检查制动器的可靠性以及架体的稳定性。

（7）各层接料口的栏杆和安全门是否完好，安全防护措施是否符合要求，联锁装置是否有效等。

（8）电气设备和操作系统的可靠性。

（9）信号及通信装置的使用效果是否良好清晰。

（10）司机的视线是否清晰。

2. 定期检查

物料提升机应每月进行一次定期检查，主要检查内容包括：

（1）金属结构有无开焊、裂缝、锈蚀和永久变形。

（2）扣件、螺栓连接的紧固情况。

（3）提升机构（卷扬机）制动器、联轴器磨损情况，减速机和卷筒的运行情况。

（4）附墙架、缆风绳、地锚等有无松动现象。

（5）钢丝绳、滑轮的完好性及润滑情况。

（6）电气设备的接零保护和接地情况是否完好。

（7）防护设施有无缺损、安全装置是否失灵。

（8）进行断绳保护装置的可靠性、灵敏度试验。

物料提升机定期检查记录表可参照表3-4。

物料提升机定期检查记录表 **表3-4**

序号	检查项目	检查内容	检查结果
1	架体	架体垂直度	
2		架体基础	
3		缆风绳锚固	
4		地锚	
5		附墙架	
6	吊笼	吊笼安全门	
7		导靴	
8		导靴与导轨间隙	
9	传动系统	卷筒钢丝绳是否缠绕整齐	
10		卷筒、滑轮转动是否灵活	
11		卷筒、滑轮轮缘是否完好	
12		卷筒钢丝绳防脱保险装置是否齐全有效	
13	卷扬机	卷扬机地锚	
14		联轴器	
15		制动器	
16	钢丝绳	钢丝绳磨损、腐蚀、缺油	
17		绳夹固定	
18		钢丝绳拖地保护	

续表

序号	检查项目	检查内容	检查结果
19	安全装置	断绳保护装置	
20		吊笼停靠装置	
21		上极限限位器	
22		缓冲器	
23		超载限制器	
24		下极限限位器	
25	楼层、地面架体防护	卸料平台和通道两侧防护栏杆设置	
26		卸料平台和通道脚手板搭设	
27		卸料通道防护门	
28		地面进料口防护棚	
29		地面围栏	
30		地面进料口安全门	
31		架体外侧立网防护	
32	摇臂把杆	摇臂把杆	
33		溜绳	
34	信号装置	音响信号装置	
35	通信装置	双向电气通信系统	
36	电气控制	操作开关是否灵敏可靠	
37		漏电保护器是否灵敏可靠	

三、物料提升机的安全操作

1. 物料提升机安全操作规程

（1）物料提升机司机必须通过培训、考核合格、取得上岗证后，才能上岗作业。

（2）必须定机、定人、定岗作业。

（3）物料提升机应符合《龙门架及井架物料提升机安全技术规范》JGJ 88—2010 和《建筑施工安全检查标准》JGJ 59—2011，并遵守物料提升机安全操作规程。

（4）物料提升机的安装应符合说明书或设计计算书要求，并牢固可靠。

（5）作业司机应在班前进行日常检查和空载试运行。

（6）物料在吊笼内应均匀分布，不得超出吊笼，当长料在吊笼中立放时，应采取防滚落措施；落料应装箱或装笼，严禁提升机超载使用。

（7）严禁人员攀登、穿越提升机架体和乘坐吊笼上下。

（8）物料提升机在运行过程中严禁以碰撞上、下限位开关实现停车。

（9）高架提升机（30m 以上）作业时，应使用通信装置联系，低架提升机在多工种，多楼层同时使用时，应专设指挥人员，信号不清不得开机，作业中不论任何人发出紧急停机信号，必须立即执行。

（10）闭合主电源前或作业中突然停电时，必须将所有开关扳回零位，在重新恢复作业之前，应在确认提升机动作正常后方可继续使用。

（11）发现安全装置、通信装置失灵时，必须立即停机修复，作业中不得随意使用极限限位装置。

（12）使用中要经常检查钢丝绳、滑轮工作情况，如发现磨损严重，必须按照规定及时更换；装设摇臂把杆的提升机，作业时，吊笼与摇臂把杆不得同时使用。

（13）作业后，将吊笼降至地面，各控制开关扳至零位，切断电源，锁好电闸箱。

（14）物料提升机发生故障或维修保养必须停机，切断电源后方可进行。

（15）维修保养时，应将所有控制开关扳至零位，切断电源，在醒目处挂“正在检修，禁止合闸”的标志，现场须有人监护。

2. 物料提升机的操作

1）物料提升机的操作步骤

（1）在操作前，司机首先应按要求进行班前检查，如发现异常情况及时报知专业维修人员进行检查维修。

（2）送电后，进行空载试运行，无异常后方可作业。

（3）物料进入吊笼内，首先关闭笼门，然后发出音响信号示意，再按下上升按钮使物料提升机吊笼向上运行。

（4）运行到指定接料平台处，按下停止按钮，吊笼停止。

（5）待物料卸出吊笼外，首先关闭笼门，然后发出音响信号示意，接着按下下降按钮使物料提升机吊笼向下运行。当运行到地面时，按下停止按钮，吊笼停止，完成一个操作过程。

2）物料提升机事故紧急情况处理

在物料提升机操作过程中，有时会发生紧急情况，此时司机首先要保持镇静，采取合理、有效的应急措施后，等待维修人员排除故障，尽可能地避免或减少损失。物料提升机事故紧急情况处理如下：

（1）吊笼在运行过程中，制动突然失灵

物料提升机在行驶中或停层，出现制动失灵现象时，司机应向周围人员发出示警，开动卷扬机，将吊笼降到地面，断开电源，由有关人员对制动器进行维修。

（2）吊笼在运行过程中，突然停电

物料提升机在运行中，遇到突然停电时，司机应立即向周围人员发出示警，把各控制开关置于零位，关闭电气控制箱内的电源开关，防止突然来电时发生意外，并与有关人员联系，判明断电原因。若恢复供电时间较长，应采用手动方式下降吊笼，下降时需两人配合，一人按动制动器，一人观察指挥，控制吊笼下行速度，直至下降到安全位置。

（3）吊笼在运行过程中，钢丝绳突然被卡住

吊笼在运行中，钢丝绳突然被卡住时，司机应及时按下紧急断电开关，使卷扬机停止运行，向周围人员发出警示，把各控制开关置于零位，关闭控制箱内电源开关，并启动安全停靠装置。然后通知专业维修人员对物料提升机进行维修。专业维修人员到达前，司机不得离开现场。

第三节　物料提升机的维护保养

物料提升机属于露天作业机械，工作环境较差。物料提升机经常容易遭受风吹雨打、日晒；灰尘、砂土经常会落到机械各部分；润滑油或油脂随时间会自然损耗流失；运动部件会出现正常磨损或非正常损坏；运动副之间的配合间隙也会随着机器的使用发生变化。为了使物料提升机在施工中正常运转，应当经常对物料提升机进行检查、维护和保养，必须保证传动部分应有足够的润滑油，对易损件、机构螺栓特别是经常振动的如架体、附着件等连接螺栓等及时检查、维修或更换，杜绝物料提升机在运转工作中出现故障，提高物料提升机的完好率和利用率，延长其使用寿命。

一、物料提升机维护保养的内容

1. 日常维护保养

每班开始工作前，应当进行日常维护保养，日常维护保养应注意以下几点：

1）应按使用说明书的有关规定，对物料提升机的各润滑部位注油或润滑脂。在无说明书时，可按序检查各有相对运动的部位，酌情加注润滑油（脂）。

2）对吊笼导靴涂抹油脂及楔块抱闸式安全装置注油应适量，不得使闸块摩擦面沾油，如检查沾有油污应及时清理干净。

3）钢丝绳应始终保持良好的润滑状态，如缺油可酌情涂抹润滑脂。涂抹润滑脂应在专用槽道里进行，严禁在卷扬机运转时直接用手涂抹。

4）新卷扬机在首次使用时应注意减速机的磨合，磨合周期应符合说明书要求。磨合后的减速机应立即更换润滑油，如磨屑过多则应清洗后注入新润滑油。

5）检查制动器的闸块间隙，如过大或过小应及时调整；联轴器的弹性套失效时应及时更换。

6）物料提升机处于工作状态时不得进行保养工作，进行保养时应将所有开关置于零位，切断主电源。

物料提升机日常维护记录可参照表3-5。

物料提升机日常维护记录表　　表3-5

序号	维护保养部件	技术要求	检查结果
1	电源电压	满载运行电压波动不大于±5%	
2	安全装置	楼层停靠装置、短绳保护装置、上下限位装置、紧急断电开关等安全可靠性、动作有效性	
3	提升机构	卷扬机牢固可靠、制动器动作灵敏、运行正常、无异响，卷筒、滑轮、钢丝绳的磨损等	
4	导向、缓冲装置	吊笼滚轮与导轨间隙，吊笼和对重底部缓冲装置齐全	
5	各部连接螺栓	各部件连接螺栓齐全、紧固可靠	
6	电控线路及电缆	设置专用开关箱，接线端子连接良好，导线与电缆绝缘良好	
7	润滑部位	按润滑油加注规定进行	
8	结构构件	锈蚀、裂纹等	
9	其他		

2. 定期维护保养

定期维护保养的内容和间隔时间可参照表3-6。

定期维护保养检查表　　表3-6

序号	间隔时间	维护保养部位	技术要求	结果
1	每周一次	钢丝绳	钢丝绳的磨损和断丝情况符合标准；钢丝绳未离绳槽；润滑钢丝绳表面	

续表

序号	间隔时间	维护保养部位	技术要求	结果
1	每周一次	标识	警示标识和限制载荷标识完整、有效	
		销轴	销轴连接处销完好、可靠	
		导靴（导轮）	连接螺栓紧固；导轮转动灵活；导靴磨损情况符合标准	
		制动器	制动器能可靠地制动；制动摩擦片磨损不超标；吊笼在额定载荷下降时，制动距离符合要求	
		卷筒轴	润滑卷筒轴	
		滑轮、滑轮轴	滑轮、滑轮轴润滑情况良好	
		防断绳保护装置和安全停靠装置	润滑轴接触面，清洗一次	
		电气系统	各接线柱及接触器等连接无松脱	
		减速机	润滑油无泄漏，减速箱油位合格，必要时加注润滑油	
		对重	对重导向轮转动灵活；导靴无严重磨损	
		围栏安全门	无损伤变形，润滑导靴表面或门轴	
		导轨	润滑接触表面	
2	每月一次	每周检查项目	内容同上	
		架体	所有杆件、标准节接头处螺栓拧紧	
		附墙架	所有附墙架的扣件有效、螺栓拧紧	

续表

序号	间隔时间	维护保养部位	技术要求	结果
2	每月一次	钢丝绳固定	确保钢丝绳绳端固定、安全、可靠	
		吊笼上的导向滚轮	润滑轴承	
		吊笼安全门轴、滑道	润滑表面	
		限位开关及限位模块	开关动作灵活，各限位碰块无移动位置	
3	每年一次	每月检查项目	内容同上	
		导靴（导轮）	吊笼导向滚轮的磨损情况符合标准；将导向滚轮和标准节架体立柱之间的间隙调整到适当大小	
		断绳和停层保护器	进行断绳和停层试验，能有效制动且灵活	
		联轴器橡胶块	橡胶块挤压及磨损情况符合标准	
		腐蚀损伤和磨损	检查整个设备腐蚀磨损情况符合标准	

二、物料提升机维护保养的方法

维护保养一般采用“十字作业法”，即清洁、紧固、调整、润滑和防腐。

1. 清洁。清洁就是保持物料提升机各部位无油泥、污垢、尘土，按规定时间检查清洗，减少运动零件的摩擦磨损。

2. 紧固。紧固就是要求机体各部的连接件连接可靠、牢固。机械运转中不可避免产生的振动容易引起连接件松动，如不及时紧固，可能导致漏油、漏电以及某些关键部位的螺栓松动，轻者导致零件变形，重者会出现零件断裂、分离，甚至导致操纵机构失灵而造成严重的机械事故。

3. 调整。调整就是对物料提升机各零部件的相对位置关系、工作参数如间隙、行程、角度、压力、松紧和速度等及时进行检查调整，以确保物料提升机的正常运行。尤其是对关键机构如制动器、减速机和各类滚轮等的运动灵活可靠性，要调整适当，防止事故发生。

4. 润滑。润滑就是按照规定要求，选用合适的润滑油，并定期加注或更换，以保持机械运动零件表面间的润滑状态良好，减少磨损，保持机械正常运转。润滑是机械保养中极为重要的作业内容。

5. 防腐。防腐就是要做到防潮、防锈、防酸，防止腐蚀机械零部件和电气设备。尤其是机械外表必须进行补漆或涂上油脂等防腐涂料。

三、物料提升机主要部件的维护保养

1. 闸瓦（块式）制动器的维护与保养

闸瓦制动器是卷扬机中最常用的制动器，它的维护保养是物料提升机维护保养的重点内容之一。

1）维护保养注意事项

（1）闸瓦制动器制动时，应使闸瓦紧密地贴合在制动轮的工作表面上；闸瓦制动器松闸时，松闸间隙即两侧闸瓦与制动轮表面之间间隙在 0.8～1.5mm 之间，整个接触面上、下间隙应均匀，如达不到要求时应及时进行调整，保证制动器制动有效。

（2）应经常清理制动闸瓦工作表面，使之保持干净、干燥。

（3）制动轮与制动衬料的接触面积不低于 80%。

（4）制动瓦固定铆钉必须沉入沉头座中，不允许露头和制动轮接触，铆钉镶入制动瓦的深度应达到制动衬料厚度的 1/2～3/5。

（5）闸瓦磨损量超过原厚度 1/3，或边缘部分磨损量超过原厚度 2/3，或磨损过甚而使铆钉露头时，应及时更换制动衬料。

（6）制动器芯轴磨损量超过标准直径5%，或椭圆度超过0.5mm时应更换芯轴。

（7）对制动器各销轴处应进行充分的润滑，加油完毕时，及时清理闸瓦和制动轮工作表面。

（8）制动臂与制动块的连接松紧度适中，不符合要求时，应及时调整。

（9）杆系弯曲时应校直，有裂纹时及时更换；弹簧弹力不足或有裂纹时及时更换。

（10）各铰链处有卡滞及磨损现象应及时调整或更换，各处紧固螺钉松动时及时紧固。

2）闸瓦制动器的调整

为了保证物料提升机各机构的动作准确和安全，应按规定经常对制动器进行调整。制动器的调整主要包括电磁铁冲程的调整、主弹簧长度的调整、瓦块与制动轮间隙的调整。

（1）电磁铁冲程的调整。如图3-1所示，首先用扳手旋松锁紧的小螺母，然后用扳手夹紧螺母，同时用另一扳手转动推杆的方头，使推杆前进或后退。推杆前进时顶起衔铁，冲程增大，推杆后退时衔铁下落，冲程减小。

（2）主弹簧长度的调整。如图3-2所示，首先用扳手夹紧推杆的外端方头并旋松锁紧螺母，然后旋松或夹住调整螺母，同时转动推杆的方头，由于螺母的轴向移动改变了主弹簧的工作长度。随着弹簧的伸长或缩短，制动力矩随之减小或增大，调整完

图3-1　闸瓦制动器冲程的调整

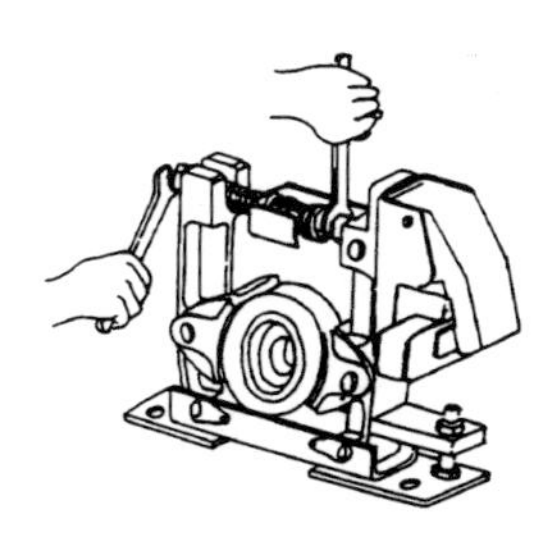

图3-2　闸瓦制动器主弹簧长度的调整

毕后，把右面锁紧螺母旋回锁紧，以防松动。

（3）瓦块与制动轮间隙的调整。如图 3-3 所示，把衔铁推压在铁心上，使制动器松开，然后调整背帽螺母，使左右瓦块与制动轮间隙相等。

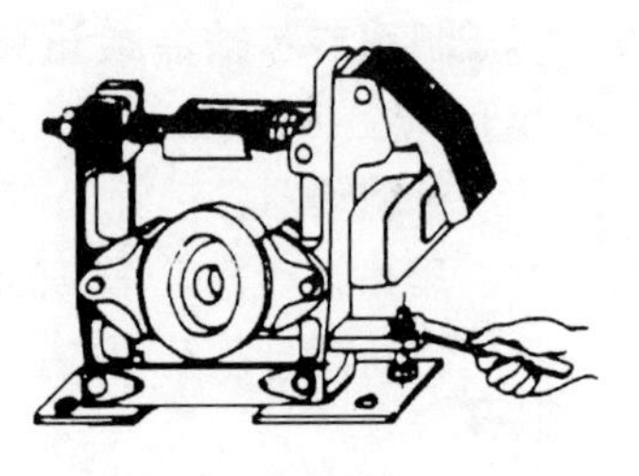

图 3-3　闸瓦制动器松闸间隙的调整

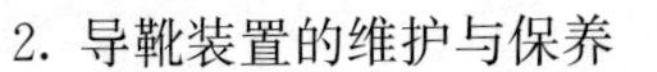

2. 导靴装置的维护与保养

导靴装置的主要作用是引导吊笼保持轴向运动，同时也对吊笼在 X 向和 Y 向的运动起控制作用，因此在日常维护保养中，要经常检查其润滑情况，滚动（滑动）是否正常，导靴与导轨架立柱管的间隙是否符合规定值，紧固螺栓有无松动，以及导靴的磨损程度等。

下面以某滚轮式导靴物料提升机为例，说明导靴装置的磨损程度测量和间隙调整方法。

1）磨损极限和磨损量的测量

测量方法如图 3-4 所示，滚轮最大磨损量要求见表 3-7。

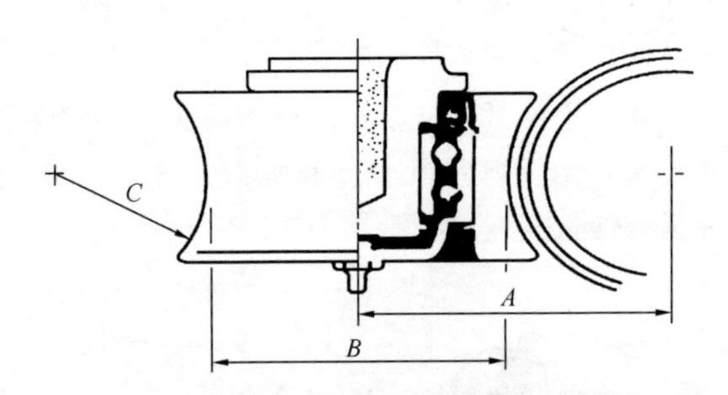

图 3-4　导向滚轮磨损测量示意图

滚轮磨耗测量表 **表 3-7**

标准节立柱管外径	测量	新滚轮	滚轮最大磨损
ϕ76	A	74mm	最小 69mm
	B	ϕ75.5	最小 ϕ73
	C	R38.5mm	最小 R38mm，最大 R42mm
ϕ89	A	78mm	最小 73mm
	B	ϕ84	最小 ϕ81.5
	C	R45mm	最小 R44.5mm，最大 R48.5mm

2）导向滚轮装置的调整

如图 3-5 所示，导向滚轮装置，调整时注意以下事项：

（1）在吊笼空载情况下，转动导向滚轮偏心轴进行调整。

（2）侧滚轮的调整，一定要成对调整导轨架立柱管两侧的对应导向滚轮。转动滚轮的偏心使侧滚轮与导轨架立柱管之间的间隙为 0.5mm 左右，调整合适后用 200N·m 力矩将其连接螺栓紧固。

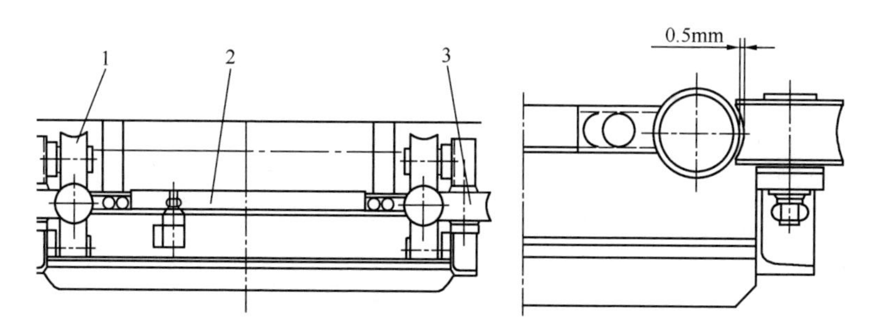

图 3-5 滚轮调整示意图

1—正压轮；2—导轨架；3—侧滚轮

3. 减速机的维护与保养

减速机是传动机构，在工作中容易受到磨损、振动、润滑不良等情况，因此应及时对减速机进行维护与保养，维护与保养注意事项如下：

（1）减速机箱体内的润滑油规格应符合要求，油量应保持在油针或油镜的标定范围之内。

（2）箱体内的润滑油应保持清洁，当发现有明显杂质时，应及时更换新油。

（3）新使用的减速机，在使用一周后，应对减速机进行清洗，并且更换新油液，以后每年应进行清洗和更换新油。

（4）轴承的温升不应高于 60°，箱体内的油液温升不超过 60℃，否则应停机检查原因。

（5）当轴承在工作中出现撞击、摩擦等不正常噪声时，应及时调整，通过调整依然无法排除故障时，应更换轴承。

（6）应按规定对润滑部位进行定期润滑，一般一个月应加油一次。

4. 曳引机曳引轮的维护与保养

曳引轮的维护与保养注意事项如下：

（1）应保证曳引轮绳槽的清洁，不允许在绳槽中加油润滑。

（2）应使各绳槽的磨损一致。当发现槽间的磨损深度差距最大达到曳引绳直径的 1/10 以上时，要修理车削至深度一致，或更换轮缘，如图 3-6 所示。

（3）对于带切口半圆槽，当绳槽磨损至切口深度少于 2mm 时，应重新车削绳槽，但经修理车削后切口下面的轮缘厚度应大于曳引绳直径 d_0，如图 3-7 所示。

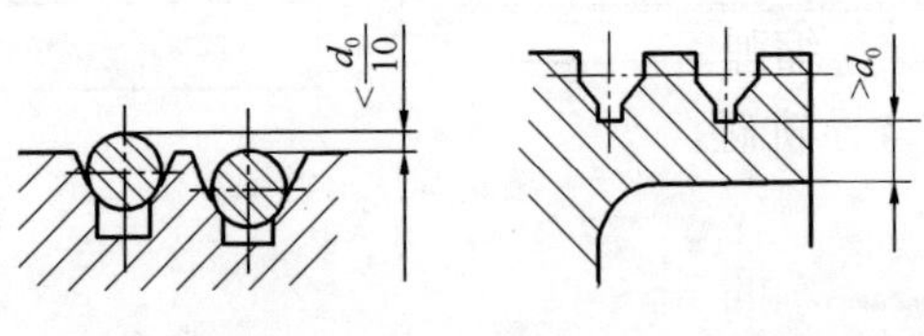

图 3-6　绳槽磨损差　　图 3-7　最小轮缘厚度

5. 断绳保护和安全停靠装置的维护与保养

物料提升机长时间工作后，断绳保护和安全停靠装置的制动块会发生磨损，如果当制动块磨损不严重时，无需更换制动块，可以直接在吊笼上调节弹簧的预紧力，使制动块在制动状态时制动灵敏，非制动状态时两制动块离开标准节导轨。当制动块磨损严重时，应当将断绳保护和安全停靠装置从吊笼上拆下，更换制动块，如图 3-8 所示。

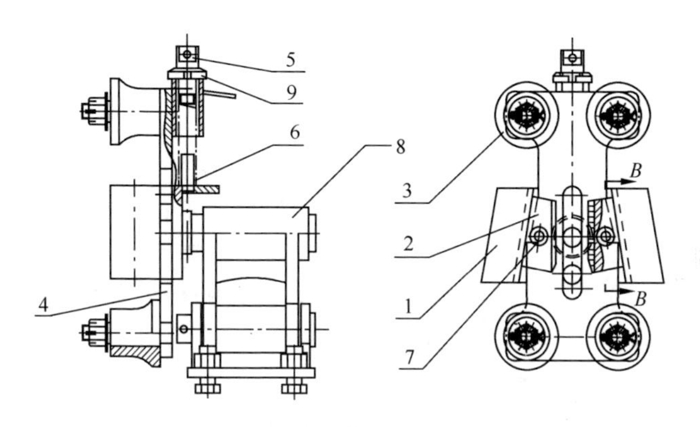

图 3-8　防断绳保护装置示意图

1—托架；2—制动滑块；3—导轮；4—导轮架；5—调节螺钉；6—压缩弹簧；7—内六角螺钉；8—防坠器连接架；9—圆螺母

具体更换步骤如下：

（1）将钢丝绳楔形接头的销轴拔出，松开取下防坠器连接架 8 的连接螺栓，将断绳保护和安全停靠装置从吊笼托架上取下。

（2）将内六角螺钉 7 松开取下，卸下旧制动块，更换上新的制动块，然后将新制动块的保护器再安装在吊笼托架上。

（3）调整压缩弹簧 6 的预紧力。通过旋动调节螺钉 5，使制动滑块既不与导轨碰擦卡阻，又要使停层制动和断绳制动灵敏正常。

（4）在制动块的滑槽内加入适量的油脂，进行润滑和防锈。

（5）清洁制动滑块的齿槽摩擦面。

6. 钢丝绳的维护与保养

钢丝绳是物料提升机的重要部件之一。物料提升机在工作中经常起动、制动及偶然急停，致使钢丝绳不仅要承受静载荷、同时承受较大的动载荷，并且容易发生弯曲和拉伸变形，所以在日常使用中，要加强对钢丝绳的维护与保养，确保钢丝绳的正常功能和使用安全。

钢丝绳的维护保养，应根据钢丝绳的用途、工作环境和种类而定。维护与保养时注意以下事项：

（1）在条件允许的情况下，对钢丝绳进行适时的清洗并涂以润滑油或润滑脂，以降低钢丝之间的摩擦损耗，同时保持表面不锈蚀。

（2）钢丝绳的润滑应根据生产厂家的要求进行，润滑油或润滑脂应根据生产厂家的说明书选用。

（3）润滑前，应将钢丝绳表面上积存的污垢和铁锈清除干净，最好是用镀锌钢丝刷清刷。钢丝绳表面越干净，润滑油（脂）就越容易渗透到钢丝绳内部去，润滑效果就越好。

（4）钢丝绳内原有油浸麻芯或其他油浸绳芯，使用时油逐渐外渗，一般不须在表面涂油，如果使用日久和使用场合条件较差，有腐蚀气体，温湿度高，则容易引起钢丝绳锈蚀腐烂，必须定时上油。油质宜薄，用量不要太多，使润滑油在钢丝绳表面有渗透进绳芯的能力即可，如润滑油过度，将会造成摩擦系数显著下降而产生在滑轮中打滑现象。

钢丝绳润滑脂的涂抹方法有刷涂法和浸涂法。刷涂法就是人工使用专用的刷子，把加热的润滑脂涂刷在钢丝绳的表面上。浸涂法就是将润滑脂加热到 60℃，然后使钢丝绳通过一组导辊装置被张紧，同时使之缓慢地在容器里的熔融润滑脂中通过。

7. 电动机的维护与保养

电动机在使用中应注意以下事项：

（1）应保证电动机各部分的清洁，经常吹净电动机内部和换向器、电刷等部分的灰尘，不应让水或油浸入电动机内部。

（2）对使用滑动轴承的电动机，应注意油槽内的油量是否达到油线，同时应保持油的清洁。

（3）当电动机转子轴承磨损过大，出现电动机运转不平稳，噪声增大时，应及时更换轴承。

（4）对直流测速发电机应每季度检查一次，如电刷磨损严重，应予更换，并清除电机内碳屑，在轴承处加注润滑脂。

第四节　物料提升机常见故障诊断与维修

一、物料提升机常见故障诊断

在使用物料提升机进行相关操作作业时，会遇到一些故障现象，此时物料提升机司机首先判别故障原因，如果是一些常见的轻微故障可由司机或维护人员直接排除，如果是难以直接排除的故障要由专业维修人员进行排除或维修。物料提升机的常见故障主要包括机械故障和电气故障，常见故障诊断分析，参见表 3-8。

物料提升机常见故障诊断分析　　表 3-8

序号	故障现象	故障原因	诊断方法
1	总电源合闸即跳	电路内部损伤、短路或相线接地	查明原因，修复线路
2	漏电开关跳闸	急停按钮未复位或损坏	复位或更换按钮
		短路	查明短路点并排除故障
		漏电	检查漏电点并排除故障
		漏电开关损坏	修理或更换漏电开关
3	电压正常，但主交流接触器不吸合	限位开关未复位	限位开关复位
		相序接错	正确接线
		电气元件损坏或线路开路断路	更换电气元件或修复线路
4	操作按钮置于上、下运行位置，但交流接触器不动作	限位开关未复位	限位开关复位
		操作按钮线路断路	修复操作按钮线路

续表

序号	故障现象	故障原因	诊断方法
5	电动机过热	超载	保持不超载
		刹车过紧	调整刹车
		轴承损坏	更换轴承
		减速器齿轮缺油、磨损	加油
6	电机启动困难，并有异常响声	卷扬机制动器没调好或线圈损坏制动器没有打开	调整制动器间隙，更换电磁线圈
		严重超载	减少吊笼载荷
		电动机缺相	正确接线
7	上下限位开关不起作用	上、下限位开关损坏	更换限位开关
		限位架和限位碰块移位	恢复限位架和限位位置
		交流接触器触点粘连	修复或更换接触器
8	交流接触器释放时有延时现象	交流接触器复位受阻或粘连	修复或更换接触器
9	接触器有异声	磁铁接触面有油污或粉尘；磁铁或线圈间隙变动	除去油污、粉尘；调整间隙并固定
10	电路正常，但操作时有时动作正常，有时动作不正常	线路接触不好或虚接	修复线路
		制动器未彻底分离	调整制动器间隙
11	吊笼不能正常起升	供电电压低于380V或供电阻抗过大	暂停作业，恢复供电电压至380V
		冬季减速箱润滑油太稠太多	更换润滑油
		制动器未彻底分离	调整制动器间隙
		超载或超高	减少吊笼载荷、下降吊笼
		停靠装置插销伸出挂在架体上	恢复插销位置
	吊笼不能正常下降	断绳保护装置误动作	修复断绳保护装置
		摩擦副损坏	更换摩擦副

续表

序号	故障现象	故障原因	诊断方法
12	吊笼停靠时有下滑现象	卷扬机制动器摩擦片磨损过大	更换摩擦片
		卷扬机制动器摩擦片、制动轮沾油	清理油垢
13	吊笼运行时有抖动现象	导轨上有杂物	清除杂物
		导向滚轮（导靴）和导轨间隙过大	调整间隙
14	制动器失灵	制动器各运动部件调整不到位	修复或更换制动器
		机构损坏，使运动受阻	修复或更换制动器
		电气线路损坏	修复电气线路
		制动衬料或制动轮磨损严重、制动衬料或制动块连接铆钉露头	更换制动衬料或制动轮
15	制动器制动力矩不足	制动衬料和制动轮之间有油垢	清理油垢
		制动弹簧过松	更换弹簧
		活动铰链处有卡滞地方或有磨损过甚的零件	更换失效零件
		锁紧螺母松动、引起调整用的横杆松脱	紧固锁紧螺母
		制动衬料与制动轮之间的间隙过大	调整制动衬料与制动轮之间的间隙
16	制动器制动轮温度过高，制动块冒烟	制动轮径向跳动严重超差	修复制动轮与轴的配合
		制动弹簧过紧、电磁松闸器存在故障而不能松闸或松闸不到位	调整松紧螺母

续表

序号	故障现象	故障原因	诊断方法
16	制动器制动轮温度过高，制动块冒烟	制动器机件磨损，造成制动衬料与制动轮之间位置错误	更换制动器机件
		铰链卡死	修复
17	制动器制动臂不能张开	制动弹簧过紧，造成制动力矩过大	调整松紧螺母
		电源电压低或电气线路出现故障	恢复供电电压至380V，修复电气线路
		制动块和制动轮之间有污垢而形成粘边现象	清理污垢
		衔铁之间连接定位件损坏或位置变化，造成衔铁运动受阻，推不开制动弹簧	更换连接定位件或调整位置
		电磁铁衔铁芯之间间隙过大，造成吸力不足	调整电磁铁衔铁芯之间间隙
		电磁铁衔铁芯之间间隙过小，造成铁芯吸合行程过小，不能打开制动	调整电磁铁衔铁芯之间间隙
		制动器活动构件有卡滞现象	修复活动构件
18	制动器电磁铁合闸时间迟缓	继电器常开触点有粘连现象	更换触点
		卷扬机制动器没有调好	调整制动器
19	正常动作时断绳保护装置动作	制动块（钳）压得太紧	调整制动块滑动间隙
20	卷扬机有异常噪声、振动	润滑油不足或标号不对	加油或按标号换油
		齿轮磨损	检查更换齿轮
		轴承磨损	调整或更换轴承
		柱销螺母松动	紧固

二、物料提升机的维修

当物料提升机出现较为严重的故障由专业人员进行维修时，应注意以下事项：

1. 物料提升机维修时，应将所有控制开关置于零位，切断主电源，在电源箱处挂“禁止合闸”标志，挂牌维修区应有专人负责，必要时设专人监护。严禁带电作业或采用预约停、送电时间方式进行维修。

2. 维修钢结构件时，材料、焊条、焊缝等质量，应符合原设计要求。

3. 更换的零部件必须与原零部件的材质、性能相同，并应符合设计与制造标准，严禁擅自改变尺寸和结构。

4. 维修提升机架体顶部时，应搭设上人平台，并符合现行行业标准《建筑施工高处作业安全技术规范》JGJ 80 的有关规定。

5. 物料提升机维修后，应进行试运转，确认一切正常后方可投入使用。

第五节　物料提升机常见事故隐患与预防措施

物料提升机（以下简称提升机）是建筑工地常用的一种垂直运输机械，由于它制造成本低、安装操作简便、适用性强，所以被建筑施工企业广泛使用。特别是对一些中小型建筑工地来说更有着举足轻重的作用。随着建筑市场的发展，对提升机的需求量也随之增加，因此对提升机管理相对滞后的矛盾也愈显突出。许多提升机因为厂家不按标准要求制造生产，加上建筑施工企业本身对其安装和使用的不规范，使现有的提升机存在着不同程度的安全问题。特别是一些常见的安全问题始终没有得到足够的重视和充分的认识，更是后患无穷。从统计的安全事故情况来看，提升机上发生的安全事故呈现明显的上升趋势，这也再次向我们敲响了警钟，对物料提升机的规范管理已刻不容缓。

物料提升机安装、拆卸中常见的事故隐患：

1. 基础处理不当。如混凝土强度、厚度、表面平整度不符合要求，或预埋件布置不正确等，影响了架体的垂直度和连接强度。

2. 缆风绳数量或布置不符合要求，绳端固定不规范，绳卡的数量、间距、方向及安全段的设置不符合规定等。

3. 架体或附墙架直接与脚手架连接。

4. 卷扬机的基础和固定不符合说明书或规范要求。

5. 提升钢丝绳拖地，且无保护措施。

6. 底部导向滑轮采用了拉板式开口滑车，可能造成脱绳。

7. 卷筒和滑轮的防钢丝绳脱绳装置未设置或设置不当。

8. 未按规定搭设进料棚，甚至不搭设。

9. 未安装某些安全装置或安装不规范，如上极限限位器的越程小于 3m，安全停靠装置和防坠装置未按规定要求进行试验和调整，导致使用时失灵。

10. 摇臂把杆安装不规范。如未设置保险绳和超高限位器等。

11. 提升机的金属结构和电气设备的金属外壳未按规定接地甚至不接地。

12. 不按规定顺序拆卸提升机，未设置安全警示区。

13. 内置式井架架体与楼层通道接口处，开口后未进行必要的加强，影响了架体的整体稳定。

14. 楼层通道不安装安全门或安全门残缺不全、设置不规范等。

15. 电气控制箱（盒）内，未按规定设置急停开关，可能造成出现意外情况时，不能及时切断电源。

16. 上料防护棚设置不规范，或未设置底层的三面安全围栏及安全门。

17. 未按规定设置限载标识、警示标牌等。

一、物料提升机使用和管理中常见的事故隐患

1. 物料提升机安装后未按规定程序验收即投入使用。

2. 未及时更换出现严重磨损、断丝或损伤的钢丝绳。

3. 提升卷扬机的制动瓦块严重磨损，未及时更换。

4. 联轴器的弹性圈磨损严重，未及时更换。

5. 吊笼安全门缺损或不可靠，底板破损，造成物料空中坠落伤人。

6. 断绳保护装置和轨道清洁不及时，油污积聚导致防坠安全装置失灵。

7. 通信装置失灵或使用不正确，导致司机和各楼层联系不畅。

8. 司机未经专门培训，无证上岗操作。

9. 使用人员未按规定进行班前检查和例行维护保养。

10. 违规超载，载荷在吊笼中偏置，或物件超长等。

11. 摇臂把杆使用不当。

12. 吊笼违规载人。

13. 无关人员违规进入底层防护围栏内，进入吊笼下方。

二、物料提升机常见事故隐患预防措施

物料提升机事故隐患的预防措施从事故的性质来看主要分为：人为事故的预防控制和设备事故的预防控制。

1. 人为事故的预防控制

控制和预防人为事故主要从人的安全心理、人的行为和人为事故规律、人的不安全行为三个方面着手。根据对物料提升机事故案例的分析可以发现，绝大多数为人为事故。所以，消除人为事故隐患是预防和减少物料提升机事故的关键。预防控制人为事故就是要控制人的不安全行为。人的行为是由心理控制的，行为是心理活动结果的外在表现，因此，要控制人的不安全行为就应从人的心理、行为、管理等方面采取措施。

1）安全心理

不安全的心理状态（包括物料提升机司机、上下物料的作业

人员等的不安全心理状态）主要包括：骄傲自负、争强好胜、情绪波动大、思想不集中、技术不熟练、遇险惊慌失措、盲目自信、思想麻痹、盲目从众、逆反心理、侥幸心理、惰性心理、无所谓心理、好奇心理、工作枯燥、厌倦心理、错觉、下意识心理、心理幻觉、近似差错、环境干扰，判断失误。

对于以上不安全的心理状态应采取具体的调适方法，主要从以下几个方面对物料提升机司机、上下物料的作业人员等有关人员进行控制：

（1）成年人的心理状态，可以按照心理特征分为以下几种类型：活泼型、冷静型、急躁型、轻浮型和迟钝型。

（2）根据事故统计分析，活泼型和冷静型人员的事故发生率较低，可以称为安全型；后三种中特别是轻浮型，其事故发生率较高，称为非安全型。

2）安全心理调适的一般方法

注意司机、上下物料作业人员及其他有关人员的心理特征，特别要做好非安全型心理人员的转化工作，最好不允许非安全型人员操作物料提升机及进行上下物料作业。

（1）加强现场物料提升机司机、上下物料作业人员等有关人员心理品质锻炼。

（2）重视物料提升机司机、上下物料的作业人员等有关人员的心理疲劳。

（3）加强和改进安全教育，提高教育的效果。

3）情绪的控制与调节

（1）语言调节法。

（2）注意转移法。

（3）精神宣泄法。

（4）角色转换法。

（5）辩证思考法。

4）物料提升机司机、上下物料的作业人员等有关人员的性格调节。

2. 作业人员的行为与人为事故规律

人们在生产实践活动中的安全行为和不安全行为的产生，都是由人们的动机决定的，而人们的动机又是由需要引起的。其运动规律是：需要→动机→行为→结果。

人们在生产中的行为会随着时间的推移，需求的改变，外部的影响等不停地进行变化，其异常的变化将很有可能导致事故的发生。控制物料提升机司机、上下物料的作业人员等有关人员的行为主要有以下方法：

（1）自我控制。自我控制，是指在认识到人的不安全意识具有产生不安全行为导致人为事故的规律之后，为了保证自身在生产实践中的安全，改变不安全行为，控制事故的发生。

（2）跟踪控制。跟踪控制，是指运用事故预测法，对已知具有产生不安全行为因素的人员，做好转化和行为控制工作。例如，对物料提升机违章人员要指定专人负责做好转化工作和进行行为控制，防止其异常行为的产生和发生事故。

（3）安全监护。安全监护，是指指定专人对物料提升机司机、上下物料的作业人员等有关人员的生产行为进行安全提醒和安全监督。例如，上下物料时由一人开启安全停靠装置另一人在其监视下到吊笼卸料。一般要有两人同时进行，一人操作，一人监护，防止误操作的事故发生。

（4）安全检查。安全检查，是通过对物料提升机司机、上下物料的作业人员等有关人员的行为进行各种不同形式的安全检查，从而发现并改变人的异常行为，控制人为事故的发生。

（5）安全技术控制。安全技术控制，是指运用安全技术手段对物料提升机司机、上下物料的作业人员等有关人员的异常行为进行控制。例如：安装超高限位装置，能控制由于人的异常行为而导致的吊笼冒顶事故；卸料口防护门安装的联锁装置，能控制人为误操作而导致的事故等。

（6）安全行为激励法。常用的激励方法有两种。物质激励法：利用经济手段对物料提升机司机、上下物料的作业人员等有关人员进行奖罚。精神激励的方法：精神激励是重要的激励手段，通过满足作业人员的精神需求，在较高的层次上调动作业人员的安全生产积极性，其激励深度大，维持时间长。精神激励的方法一般有：①目标激励；②形象激励；③荣誉激励；④兴趣激励；⑤参与激励；⑥榜样激励。

3. 设备事故的预防控制

设备事故通常是设备处于不安全状态下继续使用造成的。设备不安全状态是指作用于设备上的实际参数值超过了设计或使用规定的值，使设备处于超载、限制措施失效或失控的状态。

物料提升机设备事故预防控制的要点是：

（1）首先要做好物料提升机的选购和安装调试，使物料提升机达到安全技术要求，确保安全施工。

（2）开展安全宣传教育和技术培训，提高物料提升机司机、上下物料的作业人员等有关人员的安全技术素质，使其掌握设备性能和安全使用要求，并要做到专机专用，为物料提升机安全运行提供人的素质保证。

（3）创造物料提升机安全运行的良好条件，如为安全运行保持良好的环境，安装必要的安全防护、保险装置、防潮、防腐等设施，以及配备必要的监视装置等。

（4）配备熟悉物料提升机性能、会操作、懂管理的人员，要做到持证上岗，禁止违章操作。

（5）按物料提升机的故障规律，确定检查、试验、修理周期，并要按期进行检查、试验、修理。

（6）要做好物料提升机在运行中的日常维护保养。

（7）要做好物料提升机在运行中的安全检查，做到及时发现问题，及时解决问题，使之保持安全运行状态。

（8）建立物料提升机管理档案、台账，做好事故调查和讨论分析，制定保证物料提升机安全运行的安全技术措施。

（9）建立、健全物料提升机使用操作规程和管理制度及责任制，用以指导物料提升机的安全管理，保证设备的安全运行。

物料提升机作业过程中的风险分析及预防措施见表3-9。

物料提升机作业过程中的风险分析及预防措施　　表3-9

序号	风险分析	安全措施
1	作业人员身体状况不好	对患有职业禁忌证和年老体弱、疲劳过度、视力不佳及酒后人员等，不准进行高处作业
2	作业人员不清楚现场危险状况	作业前必须进行安全教育
3	监护不足	指派专人监护，并坚守岗位
4	不佩戴劳动防护用品	按规定佩戴安全带等，能够正确使用防坠落用品与登高器具、设备
5	在危险品生产、储存场所或附近有放空管线的位置作业	事先与施工地点所在单位负责人或班组长（值班主任）取得联系，建立联系信号
6	材料、器具、设备不安全	检查材料、器具、设备，必须安全可靠
7	上下时手中持物（工具、材料、零件等）	上下时必须精神集中，禁止手中持物等危险行为，工具、材料、零件等必须装入工具袋
8	带电高处作业	必须使用绝缘工具或穿均压服
9	现场噪声大或视线不清等	配备必要的联络工具，并指定专人负责联系
10	上下垂直作业	采取可靠的隔离措施，并按指定的路线上下
11	易滑动、滚动的工具、材料堆放在脚手架上	采取措施防止坠落
12	登石棉瓦、瓦棱板等轻型材料作业	必须铺设牢固的脚手板，并加以固定，脚手板上要有防滑措施
13	抛掷物品伤人	不准抛掷物品
14	出现危险品泄漏	立即停止作业，人员撤离
15	作业后高处或现场有杂物	清理杂物

第六节 物料提升机事故案例分析

一、使用不合格物料提升机吊笼坠落事故

1. 事故过程

某建筑工程项目经理安排工人在物料提升机拆除之前，使用物料提升机进行落水管安装。当晚，5名作业人员加班。4人装落水管，1人无操作证操作物料提升机。4名作业人员从第17层处进入物料提升机吊笼开始安装落水管，当安装到第12层（距地面32m）时，他们边安装边让物料提升机操作人员将吊笼逐渐提升，当司机提升吊笼过程中，提升钢丝绳脱槽，钢绳被拉断。由于该提升机缺少断绳保护装置，当钢丝绳被拉断，吊笼随即坠落地面，正在吊笼内作业的4名人员随吊笼坠落地面，造成3人死亡，1人重伤。

2. 事故原因分析

（1）物料提升机吊笼内载人作业，是《龙门架及井架物料提升机安全技术规范》JGJ 88—2010中严令禁止的。而该项目经理违章指挥，安排作业人员进入提升机吊笼内进行不当作业。

（2）按照井架及龙门架物料提升机安全技术规范的规定，料提升机必须有设计方案、图样、计算书，并有合格证。本案的物料提升机由施工企业自己制作，既不按规范进行设计和绘制施工图，又无断绳保护等安全保护装置，当钢丝绳被拉断后，吊笼随即坠落地面。

（3）物料提升机安装不合格，导致钢丝绳与滑轮磨损，造成轮缘破损，运行中钢丝绳脱槽，被拉断。

（4）施工单位管理混乱，设备管理制度不健全，安装后未验收，使用中未检查维修。

（5）物料提升机司机属特种作业人员，应按规定持特种作业操作资格证书上岗，而此案中操作人员未经培训，无证上岗冒险蛮干。

3. 预防措施

（1）应加强施工单位主要负责人和项目负责人对相关安全生产法律法规和技术规范的学习，提高法制观念，防止出现违章指挥现象。

（2）施工单位在选用物料提升机等起重机械设备时应对设备制造许可证、产品合格证、制造监督检验证明、产权备案证明技术资料进行查验，不齐全的不予选用。

（3）施工单位应加强起重机械管理，起重机械安装前制定方案，安装工程严格按方案规定的工艺及顺序进行安装作业，安装完毕按规定进行调试、检验和验收。

（4）特种作业人员必须接受专门安全技术培训，考核合格后持证上岗。

二、违规固定滑轮致使吊笼坠落事故

1. 事故过程

某建筑工地，在搭设井架物料提升机过程中，为求省力，2名作业人员乘坐在吊笼内，进行架体向上搭设。架体底部的导向滑轮采用了扣件固定，因扣件脱落，钢丝绳弹出，且未安装防坠安全装置，吊笼失控，导致吊笼内2名作业人员死亡。

2. 事故原因

（1）致使本案中作业人员死亡的主要原因是物料提升机违规载人。

（2）导向滑轮应采用可靠的刚性连接，而扣件连接的可靠性差，连接的强度及刚度均不能保证，尤其是在受拉力作用时易发生滑移、松脱甚至断裂，这是导致事故发生的直接原因。

（3）在尚未安装防坠安全装置的情况下，违规提升吊笼。

3. 预防措施

（1）物料提升机安装作业应制定安装作业方案，安装作业前，应对参与作业人员进行安全教育和技术交底。

（2）严格按照安装顺序和工艺进行操作。

（3）严禁物料提升机载人运行。

(4) 物料提升机滑轮应采用稳固、可靠的刚性连接，不得随意替换连接部件。

(5) 加强安全教育，提高作业人员的安全意识。

三、疏于维修和保养致使物料提升机吊笼坠落伤人事故

1. 事故过程

某建筑安装工程有限公司承建的某工地发生一起龙门架吊笼坠落导致1人死亡的事故，事故发生时，由1名无证上岗人员操作卷扬机，该物料提升机无吊笼停靠装置且断绳保护装置失灵，操作工将吊笼提升至三层楼层卸料口处，1名工人在吊笼上接料，由于钢丝绳突然折断致使吊笼失控，接料的工人随吊笼坠落至地面，经抢救无效死亡。

2. 事故原因

该提升机年久失修，未及时更换钢丝绳，安全装置不齐全，操作人员无证上岗，违章操作，是发生事故的主要原因。

施工企业和项目部疏于对提升机设备的管理，检查工作不到位，致使设备存在隐患，且未能对工人开展正确有效的安全教育，是发生事故的重要原因。

3. 预防措施

应建立、健全物料提升机日常和定期维护保养制度以及检查制度，并严格按制度执行。

加强施工现场的管理和监督检查，对现场发现的安全隐患，要及时消除，避免发生重大事故，要时刻提醒作业人员提高安全意识。

积极组织司机参加技术培训和复审验证，不断提高技能和安全知识，使之自觉杜绝和抵制违章作业。

四、违规拆除缆风绳导致特大井架垮塌事故

1. 事故过程

某市一建筑工地，在完成结构封顶后，施工方为求作业方便，在井架物料提升机拆卸前两天，违规拆除了井架同方向的两根缆风绳，之后既未采取辅助的稳固措施，也未及时恢复缆风

绳，导致井架失稳垮塌，发生一起特大井架安全事故，造成 22 人死亡，10 人受伤。

2. 事故原因分析

（1）违规作业。该井架北侧两根缆风绳在事故前两天被拆除，导致井架失去稳定性；所有工人都在井架的一侧施工，使架体受力不稳。这是发生事故的主要原因。

（2）施工单位及项目部疏于安全管理，对工人未进行安全教育，未按操作规程施工，对现场管理不到位，负有管理责任。

（3）施工单位无资质施工，使用的工人无证上岗，工人存在违章操作行为。

自制井架，且井架安装后未经有关部门对井架的质量和安全性能进行检查验收即投入使用。

（4）现场未配备专职安全员，对该工程疏于管理，无拆除井架施工方案且未对工人进行安全技术交底，对有关责任人的违规指挥和工人的野蛮施工不予以制止，施工单位负有管理责任；监理人员未履行职责，负有监理责任。

3. 预防措施

（1）物料提升机拆除前应制定相应的拆卸方案，施工前，应对作业人员进行安全技术交底，要避免拆卸作业中的随意性，严格按照拆卸顺序和工艺进行操作。

（2）对施工单位的资质、作业人员的上岗证进行严格的审查，是安全装拆的重要保证。

（3）认真执行安装验收制度，未达到要求的，必须按规程整改合格后，方可投入使用。

（4）加强现场管理和监督检查，尤其是提升机安装和拆卸过程，要及时发现和制止不安全的作业行为，时刻提醒作业人员提高安全意识。

附　　录

附录1　建筑起重机械司机(物料提升机)安全技术考核大纲(试行)

1　安全技术理论

1.1　安全生产基本知识

1.1.1　了解建筑安全生产规律法规和规章制度;

1.1.2　熟悉有关特种作业人员的管理制度;

1.1.3　掌握从业人员的权利义务和法律责任;

1.1.4　熟悉高处作业安全知识;

1.1.5　掌握安全防护用品的使用;

1.1.6　熟悉安全标志、安全色的基本知识;

1.1.7　了解施工现场消防知识;

1.1.8　了解现场急救知识;

1.1.9　熟悉施工现场安全用电基本知识。

1.2　专业基础知识

1.2.1　了解力学基本知识;

1.2.2　了解电学基本知识;

1.2.3　熟悉机械基础知识。

1.3　专业技术理论

1.3.1　了解物料提升机的分类、性能;

1.3.2　熟悉物料提升机的基本技术参数;

1.3.3　了解力学的基本知识、架体的受力分析;

1.3.4　了解钢桁架结构基本知识;

1.3.5　熟悉物料提升机技术标准及安全操作规程；
1.3.6　熟悉物料提升机基本结构及工作原理；
1.3.7　熟悉物料提升机安全装置的调试方法；
1.3.8　熟悉物料提升机维护保养常识；
1.3.9　了解物料提升机常见事故原因及处置方法。

2　安全操作技能

2.1　掌握物料提升机的操作技能
2.2　掌握主要零部件的性能及可靠性的判定
2.3　掌握常见故障的识别、判断
2.4　掌握紧急情况处置方法

附录2　建筑起重机械司机(物料提升机)安全操作技能考核标准(试行)

1　物料提升机的操作

1.1　考核设备和器具

1.1.1　设备：物料提升机1台，安装高度在10m以上、25m以下；

1.1.2　砝码：在吊笼内均匀放置砝码200kg；

1.1.3　其他器具：哨笛1个，计时器1个。

1.2　考核方法

根据指挥信号操作，每次提升或下降均需连续完成，中途不停。

1.2.1　将吊笼从地面提升至第一停层接料平台处，停止；

1.2.2　从任意一层接料平台处提升至最高停层接料平台处，停止；

1.2.3　从最高停层接料平台处下降至第一停层接料平台处，停止；

1.2.4　从第一停层接料平台处下降至地面。

1.3　考核时间：15min

1.4　考核评分标准

满分60分。考核评分标准见附表1-1。

考核评分标准　　**附表1-1**

序号	扣分项目	扣分值
1	启动前，未确认控制开关在零位的	5分
2	启动前，未发出音响信号示意的	5分/次
3	运行到最上层或最下层时，触动上、下限位开关的	5分/次
4	未连续运行，有停顿的	5分/次
5	到规定停层未停止的	5分/次

续表

序号	扣分项目	扣分值
6	停层超过规定距离±100mm的	10分/次
7	停层超过规定距离±50mm，但不超过±100mm的	5分/次
8	作业后，未将吊笼降到底层的、未将各控制开关拨到零位的、未切断电源的	5分/项

2 故障识别判断

2.1 考核设备和器具

2.1.1 设置安全装置失灵等故障的物料提升机实物或图示、影像资料；

2.1.2 其他器具：计时器1个。

2.2 考核方法

由考生识别判断物料提升机实物或图示、影像资料设置的安全装置失灵等故障（对每个考生只设置二种）。

2.3 考核时间

10min

2.4 考核评分标准

满分10分。在规定时间内正确识别判断的，每项得5分。

3 零部件判废

3.1 考核设备和器具

3.1.1 物料提升机零部件（钢丝绳、滑轮、联轴节或制动器）实物或图示、影像资料（包括达到报废标准和有缺陷的）；

3.1.2 其他器具：计时器1个。

3.2 考核方法

从零部件的实物或图示、影像资料中随机抽取2件（张），判断其是否达到报废标准（缺陷）并说明原因。

3.3 考核时间

10min

3.4 考核评分标准

满分 20 分。在规定时间内能正确判断并说明原因的，每项得 10 分；判断正确但不能准确说明原因的，每项得 5 分。

4 紧急情况处置

4.1 考核设备和器具

4.1.1 设置电动机制动失灵、突然断电、钢丝绳意外卡住等紧急情况或图示、影像资料；

4.1.2 其他器具：计时器 1 个。

4.2 考核方法

由考生对电动机制动失灵、突然断电、钢丝绳意外卡住等紧急情况或图示、影像资料中所示的紧急情况进行描述，并口述处置方法。对每个考生设置一种。

4.3 考核时间

10min

4.4 考核评分标准

满分 10 分，在规定时间内对存在的问题描述正确并正确叙述处置方法的，得 10 分；对存在的问题描述正确，但未能正确叙述处置方法的，得 5 分。

习　　题

一、判断题

1. ［初级］钢丝围绕股芯或股围绕绳芯旋转半周（180°）相应两点间的距离称为股或绳的捻距。（　　）

【答案】错误

2. ［初级］按照股中相邻层钢丝的接触状态，分为点接触钢丝绳、线接触钢丝绳和面接触钢丝绳三种基本结构形式。（　　）

【答案】正确

3. ［初级］将绳（或股）垂直放置观察，若股（丝）的螺旋上升方向由左向右升高呈“Z”字形的叫左捻。（　　）

【答案】错误

4. ［初级］钢丝绳按绳芯材料不同区分为麻芯，石棉芯和铁芯三种。（　　）

【答案】错误

5. ［初级］钢丝绳可以与电焊线碰触。（　　）

【答案】错误

6. ［初级］钢丝绳有明显的内部腐蚀时仍能使用。（　　）

【答案】错误

7. ［初级］滑车组是由一定数量的定滑车和动滑车及绕过它们的绳索组成的简单起重工具。（　　）

【答案】正确

8. ［初级］卸扣有裂纹、磨损达原尺寸的10%时应予以报废。（　　）

【答案】正确

9. ［初级］千斤顶按照其结构形式和工作原理的不同可分为

齿条千斤顶、螺旋千斤顶和液压千斤顶三种。（ ）

【答案】正确

10. ［初级］电动葫芦就是手拉葫芦。（ ）

【答案】错误

11. ［初级］卷筒是卷扬机的重要部件，是由筒体、连接盘、轴以及轴承支架等构成。（ ）

【答案】正确

12. ［初级］物料提升机是施工现场用来进行物料垂直运输的一种简易设备。（ ）

【答案】正确

13. ［初级］卷扬机是提升物料的动力装置，按传动方式可分为可逆式和摩擦式两种。（ ）

【答案】正确

14. ［初级］由于物料提升机是为解决物料的上下运输而设计的，所以不准载人上下。（ ）

【答案】正确

15. ［初级］物料提升机的基础必须能够承受架体的自重、载运物料的重量以及缆风绳、牵引绳等产生的附加重力和水平力。（ ）

【答案】正确

16. ［初级］为保证物料提升机架体不倾倒，有条件附墙的低架提升机以及所有高架提升机都应采用附墙架稳固架体。

（ ）

【答案】正确

17. ［初级］建筑物料提升机缆风绳通常采用花篮螺栓来张紧，一般缆风绳的垂度不应大于缆风绳长度的1%。（ ）

【答案】正确

18. ［初级］上下极限限位装置是物料提升机的安全装置，上极限限位的位置应满足5m的越程距离。（ ）

【答案】错误

19. ［初级］物料提升机的进料口应悬挂严禁乘人标识和限载警示标识。（　　）

【答案】正确

20. ［初级］物料提升机使用管理中，应坚持“三定”制度。“三定”制度即定人、定机、定岗责任制度。（　　）

【答案】正确

21. ［中级］开机前，物料提升机司机应先检查吊笼门是否关闭，货物是否放置平稳，有无伸出笼外部分。（　　）

【答案】正确

22. ［中级］操作中或吊笼尚悬空吊挂时，物料提升机司机因有事可以暂时离开岗位。（　　）

【答案】错误

23. ［中级］发现物料提升机安全装置、通信装置失灵时，可以坚持到下班，等下班后再维修。（　　）

【答案】错误

24. ［中级］吊笼在运行时，钢丝绳突然卡住。物料提升机司机立即电话通知专业维修人员，然后该司机便离开岗位。

（　　）

【答案】错误

25. ［中级］物料提升机安装完毕，在正式投入使用前，应当按照安全技术标准及安装使用说明书的有关要求，对物料提升机钢结构件、提升机构、附墙架或缆风绳、安全装置和电气系统等进行自检。（　　）

【答案】正确

26. ［中级］物料提升机严重超载时，会造成电动机启动困难，并有异响。（　　）

【答案】正确

27. ［中级］物料提升机司机属于特种作业人员，对特种作业人员的管理应严格执行国家《特种作业人员安全技术培训考核管理规定》，应年满 18 周岁，且符合物料提升机司机规定的年龄

要求。（　）

【答案】正确

28. ［中级］物料提升机提升钢丝绳拖地时，必须做好保护措施。（　）

【答案】正确

29. ［中级］物料提升机底层安全围护高度不小于1.2m。（　）

【答案】错误

30. ［中级］施工现场的木工作业场所，严禁动用明火。（　）

【答案】正确

31. ［中级］施工现场常用的禁止标识是禁止吸烟和禁止通行。（　）

【答案】正确

32. ［中级］物料提升机应每两年进行一次定期检查。（　）

【答案】错误

33. ［中级］钢丝绳代号IWR表示金属丝绳芯。（　）

【答案】正确

34. ［中级］钢丝绳失去正常形状产生可见的畸形称为“变形”，这种变形对钢丝绳内部应力没有影响。（　）

【答案】错误

35. ［中级］电动卷扬机只能单独使用。（　）

【答案】错误

36. ［中级］当物料提升机安装高度大于或等于10m时，不得使用缆风绳。（　）

【答案】错误

37. ［中级］对于物料提升机的基础，无论是采用厂家典型方案的低架提升机，还是有专门设计方案的高架提升机，基础设置在地面上的，应采用整体混凝土基础。（　）

【答案】正确

38. ［中级］物料提升机的绝缘电阻应不小于 1MΩ。（　　）

【答案】错误

39. ［中级］物料提升机安装完毕后，应进行空载试验：在空载情况下启动提升机，将吊篮以工作速度进行上升、下降、变速和制动等试验，在全行程范围内，反复试验不得少于 2 次。（　　）

【答案】错误

40. ［中级］物料在吊笼内应均匀分布，允许长料超出笼外。（　　）

【答案】错误

41. ［高级］物料提升机的导向滚轮和导轨间隙过大时，会造成吊笼运行时有抖动现象。（　　）

【答案】正确

42. ［高级］卷扬机制动器摩擦片、制动轮沾油时，会造成吊笼停靠时有下滑现象。（　　）

【答案】正确

43. ［高级］物料提升机的金属结构及电气设备的金属外壳应按规范要求进行接地。（　　）

【答案】正确

44. ［高级］安全防护用品可以以实物、货币形式发放。（　　）

【答案】错误

45. ［高级］“6×19＋1”型钢丝绳适用于用作缆风绳、拉索，即用于钢丝绳不受弯曲或可能遭受磨损的地方。（　　）

【答案】正确

46. ［高级］吊钩在使用过程中，开口比原尺寸增大 15％，可以继续使用。（　　）

【答案】错误

47. ［高级］提升高度 50m 以下（含 50m）为低架物料提

升机。（　　）

【答案】错误

48.［高级］物料提升机应当采用 TN-C 接零保护系统，也就是工作零线（N 线）与保护零线（PE 线）不分开设置的接零保护系统。（　　）

【答案】错误

49.［高级］物料提升机维护保养一般采用“十字作业法”，即清洁、紧固、调整、润滑和防腐。（　　）

【答案】正确

50.［高级］钢丝绳表面越干净，润滑油脂就越容易渗透到钢丝绳内部去，润滑效果就越好。（　　）

【答案】正确

二、单选题

1.［初级］钢丝绳按捻法，分为右交互捻和(　　)。

A. 左交互捻　　B. 右同向捻

C. 左同向捻　　D. 全部正确

【答案】D

2.［初级］千斤顶可分为(　　)类型。

A. 齿条式　　B. 螺旋式

C. 液压式　　D. 全部正确

【答案】D

3.［初级］根据构造不同，制动器可分为(　　)。

A. 带式　　B. 块式

C. 盘式与锥式　　D. 全部正确

【答案】D

4.［初级］(　　)主要用来夹紧钢丝绳末端或将两根钢丝绳固定在一起。

A. 卡环　　B. 绳夹

C. 吊钩　　D. 吊环

【答案】B

5. ［初级］在起重作业中广泛用于吊索、构件或吊环之间的连接的栓连工具是（　　）。

A. 卡环　　B. 绳夹

C. 链条　　D. 钢丝绳

【答案】A

6. ［初级］钢丝绳的外部检查，包括直径检查和（　　）。

A. 磨损检查　　B. 断丝检查

C. 润滑检查　　D. 全部正确

【答案】D

7. ［初级］滑轮可以分为定滑轮、动滑轮和（　　）。

A. 滑轮组　　B. 导向滑轮

C. 平衡滑轮　　D. 全部正确

【答案】D

8. ［初级］吊索，又称为（　　）。

A. 千斤索　　B. 对子绳

C. 绑绳　　D. 全部正确

【答案】A

9. ［中级］制作吊耳所用板材厚度不得小于（　　）mm。

A. 10　　B. 16　　C. 20　　D. 32

【答案】B

10. ［初级］电动卷扬机可分为可逆式和（　　）。

A. 不可逆式　　B. 螺旋式

C. 液压式　　D. 摩擦式

【答案】D

11. ［初级］地锚可分为桩锚、坑锚和（　　）。

A. 混凝土地锚　　B. 压重式地锚

C. 临时地锚　　D. 全部正确

【答案】D

12. ［初级］物料提升机按结构形式分类，分为（　　）。

A. 龙门架式和井架式　　B. 上回转式和下回转式

C. 高架和低架　　D. 行走式和固定式

【答案】A

13. ［初级］施工升降机是一种使用工作笼（吊笼）沿(　　)作垂直（或倾斜）运动用来运送人员和物料的机械。

A. 标准节　　B. 导轨架

C. 导管　　D. 通道

【答案】B

14. ［初级］物料提升机一般由钢结构件、动力和传动机构、(　　)、安全装置、辅助部件等五大部分。

A. 机械系统　　B. 电气系统

C. 液压系统　　D. 控制系统

【答案】B

15. ［初级］物料提升机附墙架可采用(　　)与架体及建筑连接。

A. 木杆　　B. 竹竿

C. 钢丝绳　　D. 钢管

【答案】D

16. ［初级］起升钢丝绳在放出最大工作长度后，卷筒上的钢丝绳至少保留(　　)圈。

A. 1　　B. 2　　C. 3　　D. 5

【答案】C

17. ［初级］物料提升机基础周边(　　)m 范围内不得挖排水沟。

A. 2　　B. 3　　C. 4　　D. 5

【答案】D

18. ［初级］主要用来夹紧钢丝绳末端和将两根钢丝绳固定在一起的是(　　)。

A. 卡环　　B. 绳夹

C. 吊钩　　D. 吊环

【答案】B

19. ［初级］物料提升机的操作人员要持证上岗，首次取得证书的人员实习操作不得少于(　　)。

A. 三个月　　B. 四个月

C. 五个月　　D. 六个月

【答案】A

20. ［初级］闭合主电源前或作业中突然停电时，必须将所有(　　)扳回零位，在重新恢复作业之前，应在确认提升机动作正常后方可继续使用。

A. 开关　　B. 电源

C. 摇臂把杆　　D. 制动器手柄

【答案】A

21. ［初级］当物料提升机械发生故障时，以下做法不当的是(　　)。

A. 及时停止作业

B. 提升机司机及时进行检修，保证不影响施工进度

C. 专业维修人员检测维修

D. 严禁机械带病作业

【答案】B

22. ［初级］吊笼在运行过程中，突然停电时不当操作为(　　)。

A. 把各控制开关置于零位

B. 将吊笼降到地面

C. 关闭电气控制箱内的电源开关

D. 与有关人员联系，判明断电原因

【答案】B

23. ［初级］物料提升机司机取得岗位操作证后，每(　　)到发证部门进行一次复审培训，未按期复审培训或者复审不合格者不得从事特种作业。

A. 半年　　B. 一年

C. 两年　　D. 三年

【答案】C

24. ［初级］下列对物料提升机使用的叙述，正确的是(　　)。

A. 只准运送物料，严禁载人上下

B. 一般情况下不准载人上下，遇有紧急情况可以载人上下

C. 安全管理人员检查时可以乘坐吊篮上下

D. 维修人员可以乘坐吊篮上下

【答案】A

25. ［初级］卷扬机必须有良好的接地或接零装置，接地电阻不得大于(　　)Ω。

A. 10　　B. 20　　C. 30　　D. 5

【答案】A

26. ［初级］吊钩开口比原尺寸增加(　　)需要报废。

A. 10%　　B. 15%　　C. 8%　　D. 5%

【答案】B

27. ［初级］卷筒壁磨损量达到原壁厚的(　　)时，应予以报废。

A. 5%　　B. 10%　　C. 15%　　D. 20%

【答案】D

28. ［初级］在卷扬机正前方设置导向滑车时，导向滑车至卷筒轴线的距离，带槽卷筒应不小于卷筒宽度的(　　)倍。

A. 5　　B. 10　　C. 15　　D. 20

【答案】C

29. ［中级］为提高钢丝绳的使用寿命，滑轮直径最小不得小于钢丝绳直径的(　　)倍。

A. 8　　B. 10　　C. 12　　D. 16

【答案】D

30. ［中级］千斤顶工作时，放在平整坚实地面并要在其下面垫枕木、木板或钢板的目的是(　　)。

A. 加大千斤顶的举升力

B. 扩大受压面积，防止塌陷

C. 加大千斤顶的顶升高度

D. 缩小受压面积

【答案】B

31. ［中级］手拉葫芦的起重量最大可达(　　)吨。

A. 5　　B. 10　　C. 15　　D. 20

【答案】D

32. ［中级］对引端从动滑车引出的滑车组，滑车组的工作绳数等于滑车组的总滑轮数加(　　)。

A. 1　　B. 2　　C. 3　　D. 4

【答案】A

33. ［中级］不是合成纤维绳的优点(　　)。

A. 可暴晒　　B. 重量轻

C. 弹性好　　D. 强度高

【答案】A

34. ［中级］物料提升机的天梁应使用型钢，其截面高度应经计算确定，但不得小于 2 根(　　)号的槽钢。

A. 10　　B. 12　　C. 14　　D. 16

【答案】C

35. ［中级］施工升降机吊笼内净高度不得小于(　　) m。

A. 1.5　　B. 1.8　　C. 2　　D. 2.2

【答案】C

36. ［中级］提升吊笼钢丝绳的安全系数不得小于(　　)。

A. 6　　B. 8　　C. 10　　D. 14

【答案】B

37. ［中级］(　　)是安装在物料提升机吊笼上沿导轨运行，可防止吊笼运行中偏移或摆动，保证吊笼垂直上下运行的装置。

A. 滑轮　　B. 地轮

C. 导靴　　D. 天轮

【答案】C

38. ［中级］物料提升机缆风绳与地面的夹角不应大于（　）度。

A. 45　　B. 50　　C. 60　　D. 65

【答案】C

39. ［中级］滑轮组与架体或吊篮应采用（　）连接。

A. 刚性　　B. 钢丝绳

C. 铅丝连接　　D. 拉板使滑轮

【答案】A

40. ［中级］物料提升机吊篮的越程（指从吊篮的最高位置与天梁最低处的距离），应不小于（　）m。

A. 3　　B. 4　　C. 5　　D. 6

【答案】A

41. ［中级］物料提升机的导靴与导轨间隙的调整说明书没有明确要求的，可控制在（　）mm。

A. 5～8　　B. 3～5　　C. 3～10　　D. 5～10

【答案】D

42. ［中级］《龙门架及井架物料提升机安全技术规范》JGJ 88—2010 规定，物料提升机的额定载重量为（　）。

A. 3000kg 以上　　B. 1500kg 以下

C. 2000kg 以下　　D. 2000kg 以上

【答案】C

43. ［中级］滑轮与吊笼或导轨架，应采用（　）连接。

A. 刚性　　B. 柔性

C. 刚性、柔性均有　　D. 板式

【答案】A

44. ［中级］闸瓦制动器制动闸瓦磨损量超过原厚度（　）应及时更换制动衬料。

A. 1/3　　B. 2/3　　C. 1/5　　D. 2/5

【答案】A

45. ［中级］对提升高度超过（　）m 的高架提升机，吊笼顶部还应设防护顶板，形成吊笼状。

A. 20　　B. 25　　C. 30　　D. 35

【答案】C

46. ［中级］为防止物料提升机的作业区周围闲杂人员进入，在底层应设置不低于（　　）m高的围栏。

A. 1　　B. 1. 5　　C. 2　　D. 3

【答案】B

47. ［中级］上下极限限位装置是物料提升机的安全装置。上极限限位的位置应满足（　　）m 的越程距离。

A. 3　　B. 4　　C. 5　　D. 6

【答案】A

48. ［中级］电动卷扬机制动器的调整是通过调整（　　）的张力实现的。

A. 松闸间隙　　B. 行程开关

C. 主弹簧　　D. 吊篮

【答案】C

49. ［中级］导靴装置的主要作用是（　　）。

A. 调节松闸间隙

B. 引导吊笼保持轴向运动

C. 引导吊笼保持平衡

D. 调节制动臂与制动块的松紧

【答案】B

50. ［中级］减速机轴承的温升不应高于（　　），箱体内的油液温升不超过 60℃，否则应停机检查原因。

A. 40℃　　B. 50℃　　C. 60℃　　D. 70℃

【答案】C

51. ［中级］下列不属于物料提升机管理人员岗位责任的是（　　）。

A. 检查物料提升机使用中的执行情况

B. 检查、督促操作人员共同做好物料提升机维护、保养、

检修工作

C. 定期对物料提升机进行安全运行检查

D. 随时调节制动臂与制动块的松紧

【答案】D

52. ［中级］关于钢丝绳的维护保养，不正确的是(   )。

A. 在条件允许的情况下，对钢丝绳进行适时的清洗并涂以润滑油或润滑脂，以降低钢丝之间的摩擦损耗，同时保持表面不锈蚀

B. 钢丝绳的润滑应根据生产厂家的要求进行，润滑油或润滑脂应根据生产厂家的说明书选用

C. 润滑前，应将钢丝绳表面上积存的污垢和铁锈清除干净，最好是用镀锌钢丝刷清刷

D. 将钢丝绳直接浸泡在常温润滑脂中

【答案】D

53. ［中级］在电动机的使用过程中，如果是直流测速发电机，应该(   )检测一次。

A. 每年　　B. 每六个月

C. 每季度　　D. 每月

【答案】C

54. ［中级］防坠安全器定期检验应由(   )进行。

A. 相应资质的单位　　B. 施工升降机司机

C. 设备产权单位　　D. 专业人员

【答案】A

55. ［中级］物料进入吊笼内，首先(   )。

A. 发出音响信号示意　　B. 关闭笼门

C. 按下上升按钮　　D. 按下停止按钮

【答案】B

56. ［中级］螺旋扣的使用应注意的事项有(   )。

A. 钩口向下　　B. 防止螺栓轧坏

C. 严禁超负荷使用　　D. 全部正确

【答案】D

57. ［高级］钢丝绳的安全系数是(　　)。

A. 钢丝绳破断拉力与允许拉力的比

B. 钢丝绳允许拉力与破断拉力的比

C. 钢丝的破断拉力与允许拉力的比

D. 钢丝的允许拉力与破断拉力的比

【答案】C

58. ［高级］以下说法错误的是(　　)。

A. 钢丝绳在装卸时，必须使用适宜的设备

B. 钢丝绳不允许在凹凸不平的地面上滚动

C. 成卷的钢丝绳应竖立放置

D. 钢丝绳可直接露天放置

【答案】D

59. ［高级］片式吊钩与锻造吊钩相比，不具有的优点是(　　)。

A. 不会因突然断裂而破坏　　B. 更安全

C. 损坏的钢板可以更换　　D. 断面开头合理

【答案】D

60. ［高级］以下说法错误的是(　　)。

A. 在安装销轴时，螺纹旋足后应回旋半扣

B. 可使用金属垫圈固定吊钩位置

C. 卸扣可横向受力

D. 不得从高处往下抛掷卸扣

【答案】C

61. ［高级］物料提升机标准节采用螺栓，不得采用(　　)以下的螺栓，每一杆件的节点以及接头的一边，螺栓数不得少于2个，强度等级不得小于8.8级。

A. M12　　B. M16　　C. M18　　D. M10

【答案】A

62. ［高级］下列对物料提升机使用的叙述，正确的

是（　　）。

A. 只准运送物料，严禁载人上下

B. 一般情况下不准载人上下，遇有紧急情况可以载人上下

C. 安全管理人员检查时可以乘坐吊篮上下

D. 维修人员可以乘坐吊篮上下

【答案】A

63. ［高级］物料提升机的基础浇筑 C20 混凝土，厚度不得少于（　　）mm。

A. 150　　B. 200　　C. 250　　D. 300

【答案】D

64. ［高级］钢丝绳在卷筒上缠绕时，应（　　）。

A. 逐圈紧密地排列整齐，不应错叠或离缝

B. 逐圈排列，不可以错叠但可离缝

C. 逐圈紧密地排列整齐，但可错叠或离缝

D. 随意排列，但不能错叠

【答案】A

65. ［高级］架空导线离地面的直接距离、离建筑物或脚手架的安全距离均应大于（　　）m。

A. 2　　B. 3　　C. 4　　D. 5

【答案】C

66. ［高级］超载限制器调试时，将吊篮提升至距地面 200mm 处，逐步加载，当载荷达到额定载荷（　　）时应能报警。

A. 60%　　B. 70%　　C. 80%　　D. 90%

【答案】D

67. ［高级］物料提升机架体垂直度的调整时，安装垂直度偏差应保持在 3/1000 以内，且不得大于（　　）mm。

A. 100　　B. 200　　C. 300　　D. 400

【答案】B

68. ［高级］物料提升机做额定载荷试验时，在吊篮内施加额定荷载，使其重心位于吊篮的几何中心，沿长度和宽度两个方

向，各偏移全长的(　　)交点处。

A. 1/5　　B. 1/6　　C. 1/7　　D. 1/8

【答案】B

69. ［高级］下列关于曳引机曳引轮的维护与保养，正确的是(　　)。

A. 应保证曳引轮绳槽的清洁，不允许在绳槽中加油润滑

B. 当发现槽间的磨损深度差距最大达到曳引绳直径的 1/2 以上时，要修理车削至深度一致，或更换轮缘

C. 重新车削绳槽

D. 更换制动块

【答案】A

70. ［高级］空载试验过程中，应检查各机构动作是否平稳、准确，不允许有(　　)、冲击等现象。

A. 运转　　B. 摩擦　　C. 振动　　D. 振颤

【答案】D

三、多选题

1. ［初级］钢丝绳的选用应遵守(　　)原则。

A. 能承受所要求的拉力，保证足够的安全系数

B. 能保证钢丝绳受力不发生扭转

C. 耐疲劳，能承受反复弯曲和震动作用

D. 有较好的耐磨性

E. 高温或多层缠绕的场合宜选用有机芯

【答案】ABCD

2. ［初级］物料提升机按架体结构一般分为(　　)。

A. 龙门架式　　B. 井架式

C. 电动式　　D. 机械式

E. 立架式

【答案】AB

3. ［初级］物料提升机一般由(　　)和辅助部件等部分组合而成。

A. 钢结构件
B. 传动机构
C. 运动系统
D. 电气系统
E. 安全装置

【答案】ABDE

4. [初级] 打桩桩锚常采用(　　)作为地锚的材料。

A. 螺纹钢
B. 条石
C. 角钢
D. 钢管
E. 圆木

【答案】CDE

5. [初级] 停靠装置能可靠地支撑(　　)等全部荷载。

A. 吊篮
B. 所载物料
C. 装料人员
D. 钢丝绳
E. 卸料人员

【答案】ABCE

6. [初级] 物料提升机的保养一般有(　　)。

A. 定期保养
B. 阶段保养
C. 日常保养
D. 月度保养
E. 班前保养

【答案】AC

7. [初级] 物料提升机的零部件需要更换时，必须选用与原部件(　　)，不得随意替代。

A. 相同型号
B. 相同价格
C. 相同材质
D. 相同厂家
E. 相同形状

【答案】AC

8. [初级] 吊钩在下列(　　)情况下，应予以报废。

A. 钩身扭转变形超过 8°
B. 钩尾和螺纹部分等危险截面及钩身有永久性变形
C. 挂绳处截面磨损量超过原高度 10%
D. 开口度比原尺寸增加 15%

E. 心轴磨损量超过其直径的15%。

【答案】BCD

9. [初级] 制动器在下列(　　)情况下，应予以报废。

A. 可见裂纹

B. 制动块摩擦衬垫磨损量达到原厚度的40%

C. 制动轮表面磨损量达1.5～2mm

D. 弹簧出现塑性变形

E. 电磁铁杠杆系统空行程超过其额定行程的20%

【答案】ACD

10. [初级] 物料提升机电压正常，但主交流接触器不吸合，其故障原因是(　　)。

A. 限位开关未复位

B. 严重超载

C. 相序接错

D. 电气元件损坏或线路开路断路

E. 线路接触不好或虚接

【答案】ACD

11. [初级] 线接触钢丝绳，按绳股断面的结构分(　　)。

A. 外粗型

B. 内粗型

C. 粗细型

D. 填充型

E. 内细型

【答案】ACD

12. [初级] 物料起重机钢丝绳损坏的常见原因有(　　)。

A. 选用的钢丝绳长度不够

B. 钢丝绳长期缺乏维护、润滑

C. 钢丝绳尾端固结不正确

D. 钢丝绳脱槽

E. 钢丝绳在卷筒上排绳整齐，相互挤压

【答案】BCD

13. [中级] 物料提升机的安全装置有(　　)。

A. 超载装置

B. 安全停靠装置

C. 制动器

D. 限位装置

E. 缓冲器

【答案】ABDE

14. [中级] 地锚是物料提升机架设中用于固定(　　)。

A. 缆风绳

B. 卷扬机

C. 架体

D. 附墙架

E. 导向滑轮

【答案】ABE

15. [中级] 物料提升机安装完毕后，应进行(　　)。

A. 空载试验

B. 稳定性试验

C. 额定荷载试验

D. 超载试验

E. 结构强度试验

【答案】ACD

16. [中级] 物料提升机的使用必须贯彻“管用养结合”和“人机固定”的原则，实行(　　)的岗位责任制。

A. 定人

B. 定机

C. 定岗位

D. 定工作

E. 定制度

【答案】ABC

17. [中级] 物料提升机吊笼在运行过程中突然停电，下列做法正确的是(　　)。

A. 司机应立即向周围人员发出示警

B. 把各控制开关置于零位

C. 关闭电气控制箱内的电源开关

D. 若恢复供电时间较长，应采用手动方式下降吊笼

E. 不允许下降吊笼，以免发生危险

【答案】ABCD

18. [中级] 物料提升机吊笼不能正常下降，其故障原因是(　　)。

A. 制动器未彻底分离

B. 断绳保护装置误动作

C. 超高或超载

D. 摩擦副损坏

E. 上、下限位器损坏

【答案】BD

19. ［中级］钢丝绳出现下列情况之一，应予以报废（　　）。

A. 钢丝绳表面层钢丝腐蚀或磨损达到表面原丝径的 20%

B. 钢丝绳直径减少量达 7%或更多时

C. 同部外层钢丝绳伸长呈“笼”形或钢丝绳纤维芯的直径增大较严重

D. 钢绳发生扭结、死角、硬弯、塑性变形、麻芯脱出等严重变形

E. 钢丝绳有明显的内部腐蚀

【答案】BCDE

20. ［中级］有下列疾病不得从事物料提升机司机工作（　　）。

A. 色盲

B. 心脏病

C. 风湿性关节炎

D. 贫血

E. 癫痫

【答案】ABDE

21. ［中级］物料提升机安装后必须经过（　　）等准备工作后才能投入正常使用。

A. 调试

B. 检查

C. 制动

D. 保养

E. 验收

【答案】ABE

22. ［中级］物料提升机的电气系统包括（　　）。

A. 电气控制箱

B. 电气元件

C. 电缆电线

D. 保护系统

E. 通信系统

【答案】ABCD

23. ［中级］卸扣出现以下情况之一时，应予以报废(　　)。

A. 磨损达原尺寸的5%

B. 本体变形达原尺寸的10%

C. 横销变形达原尺寸的15%

D. 螺栓的螺纹磨损

E. 卸扣不能闭锁

【答案】BDE

24. ［中级］司机在机长带领下，除协助机长工作和完成施工生产任务外，还应做好物料提升机的(　　)维护保养工作。

A. 调整　　B. 紧固

C. 清洁　　D. 润滑

E. 维修

【答案】ABCD

25. ［高级］在采用(　　)情况时，物料提升机安装需采用滚轮导靴。

A. 摩擦式卷扬机为动力的提升机

B. 架体的立柱兼作导轨的提升机

C. 低架提升机

D. 高架提升机

E. 外置提升机

【答案】ABD

26. ［高级］通过(　　)可以快速便捷地判断滑车组的倍率。

A. 起重量

B. 钢丝绳的规格数量

C. 动、定滑轮数量

D. 滑车组工作绳数量

E. 起升速度

【答案】CD

27. ［高级］物料提升机司机每班使用前和使用中必须进行检查和试车，其主要内容包括(　　)。

A. 架体各节点连接螺栓有无松动现象

B. 进行空载试运行，升降吊笼各三次

C. 进行负载运行，检查制动器的可靠性以及架体的稳定性

D. 附墙架的连接是否牢固，地锚与缆风绳的连接有无松动现象

E. 信号及通信装置的使用效果是否良好清晰

【答案】ACDE

28. ［高级］物料提升机的安装高度不宜超过 30m，当超过 30m 时除应满足低架物料提升机规定的安全装置外，还应具备(　　)功能。

A. 下极限限位器

B. 瞬时式防坠安全器

C. 通信装置

D. 缓冲器

E. 防倾覆装置

【答案】ACD

29. ［高级］物料提升机安装检验合格后，(　　)应当参加联合验收。

A. 使用单位

B. 建设主管部门

C. 安装单位

D. 监理单位

E. 产权单位

【答案】ACDE

30. ［高级］下列关于物料提升机的电气防护的说法，错误的是(　　)。

A. 物料提升机的金属结构及所有电气设备的金属外壳应接地，其接地电阻不应大于 4Ω

B. 物料提升机应当采用 TN-C 接零保护系统

C. 物料提升机应安装防雷装置

D. 物料提升机的架体不可作为防雷装置的引下线

E. 同一台物料提升机的重复接地和防雷接地不可共用

【答案】BDE

四、案例题

1. 某建筑工地，在搭设井架物料提升机过程中，为图省力，2名作业人员乘坐在吊笼内，进行架体的向上搭设。架体底部的导向滑轮采用了扣件固定，因扣件脱落，钢丝绳弹出，又由于未安装安全装置，吊笼失控坠落，致使吊笼内2人死亡。

(1)［判断］当物料提升机司机对吊笼的升降运行、停层平台观察视线不清时，应设置具备语音功能的通信装置。(　　)

(2)［单选］下列对物料提升机使用的叙述，正确的是(　　)。

A. 只准运送物料，严禁载人上下

B. 一般情况下不准载人上下，遇有紧急情况可以载人上下

C. 安全管理人员检查时可以乘坐吊篮上下

D. 维修人员可以乘坐吊篮上下

(3)［单选］物料提升机标准节采用螺栓，不得采用(　　)以下的螺栓，每一杆件的节点以及接头的一边，螺栓数不得少于2个，强度等级不得小于8.8级。

A. M12　　B. M16　　C. M18　　D. M10

(4)［多选］试分析事故原因有(　　)。

A. 物料提升机在任何情况下，都不得载人升降，本案中违规乘人是造成此次事故的主要原因

B. 导向滑轮的固定，应采用可靠地刚性连接，本案采用了可靠性较差的扣件连接，其刚度及强度不能保证，尤其在受拉力时，易脱落甚至断裂，这是事故发生的重要原因

C. 在没有安装防坠安全装置的情况下，违规提升吊笼

D. 钢丝绳质量存在问题

(5)［多选］施工中可采取的预防措施有(　　)。

A. 物料提升机安装前，应制定安装方案，并组织现场技术交底

B. 严格按照安装工艺、顺序进行安装

C. 严禁物料提升机载人进行

D. 物料提升机底部滑轮的固定，应采用可靠的刚性连接，不得随意替换连接部件

[答案] (1) 错误；(2) A；(3) A；(4) ABC；(5) ABCD。

2. A县投资控股有限公司建设的经济适用房工程，建筑面积5280m²，7层砖混结构，由该县第五建设有限公司承建，项目负责人李某，2011年3月5日，该工程主体6层完工时，选用龙门架作为物料垂直运输工具，由施工单位一次性安装完毕。3月8日下班时，张某等11名新进场工人，为图方便，想乘搭龙门架吊篮下楼，张某便请求其老乡周某（物料提升机司机）行个方便。明知违反操作规程，但碍于老乡情面，周某便答应下来。吊篮搭载张某等11人下降至大约16m高时，吊篮断绳，直落地面，造成10人死亡，1人重伤。

现场勘验情况：(1) 该县第五建设有限公司不具备龙门架安拆资质，安装前并未编制安拆专项施工方案；(2) 安装人员在未进行安全技术交底的情况下，凭经验搭设龙门架，未安装防坠安全器，断绳保护装置；(3) 龙门架安装完成后，未经自检验收，也未经有相应资质的检验检测机构检测，施工单位即投入使用；(4) 监理单位曾就施工单位自行安装龙门架，存在安全隐患的问题，向施工单位发出监理通知书，但并未要求停工整改；(5) 安全教育资料存在大量笔迹雷同签名，经查证受教育者签名均为资料员代签。

请结合上述案例回答以下问题。

(1) [单选] 上述案例事故的性质为(　　)。

A. 机械事故　　　　B. 意外事故

C. 责任事故　　　　D. 多人事故

(2) [单选] 依据《生产安全事故报告和调查处理条例》，该事故属于(　　)。

A. 一般事故　　　　B. 较大事故

C. 重大事故　　　　　　　　D. 特别重大事故

（3）［多选］龙门架安装、拆除前，应根据工程实际情况编制专项安装、拆除方案，且应经（　　）审批后实施。

A. 建设单位现场代表

B. 施工单位技术负责人

C. 安装、拆除单位技术负责人

D. 总监理工程师

（4）［多选］物料提升机安装完毕后，应由项目负责人组织（　　）等对物料提升机安装质量进行验收。

A. 安装单位　　　　　　　　B. 施工单位

C. 租赁单位　　　　　　　　D. 监理单位

［答案］（1）C；（2）C；（3）BCD；（4）ABCE。

（5）［简答］在本次事故中，该县第五建设有限公司存在哪些违法违规行为？

该县第五建设有限公司施工存在以下违法违规行为：

① 不具备龙门架安拆资质，自行安装龙门架；

② 未按要求编制、审核物料提升机安装、拆除专项施工方案；

③ 违反规范强制性规定，龙门架未安装防坠安全器、断绳保护装置等重要安全保护设置；

④ 安装完成后，未组织相关单位进行验收和检测即投入使用；

⑤ 物料提升机使用过程中，未按规定对物料提升机进行检查和维护，未及时发现、排除安全隐患；

⑥ 管理混乱，未对作业人员进行三级安全教育，安全教育资料弄虚作假。

3. 某工地因施工需要搭设井架式物料提升机。由于搭设时未将底架与基础预埋件牢固连接，搭设到 27m 高度时仅设置了对角两根揽风绳，且揽风绳直径仅为 6.5mm；工地为了赶工期，项目经理要求物料提升机司机在安装好时就开始运送物料作业，结果在作业时突遇七级阵风，井架架体刻倒塌，造成3名安装人员死亡。

(1)［判断］缆风钢丝绳的直径不得小于9.3mm，安全系数不得小于3.5。(　　)

(2)［单选］物料提升机提升用钢丝绳的安全系数$K\geqslant$(　　)。

A. 2　　B. 3　　C. 4　　D. 6

(3)［单选］选用一根直径为16mm的钢丝绳，用于吊索，设定安全系数为8，试问它的使用拉力为(　　)kgf。

A. 16　　B. 160　　C. 1600　　D. 16000

(4)［多选］试分析事故原因有(　　)。

A. 没有按照安装顺序及要求，在底架和基础连接不牢靠情况下继续安装架体，埋下事故隐患

B. 揽风绳的数量和绳径都未达到要求

C. 按照规定风力在四级以上时应停止安装起重机械，但本案违反规定

D. 井架物料提升机存在质量问题

(5)［多选］施工中应采取的预防措施有(　　)。

A. 安装前应制定安装方案，并按规定进行审批

B. 安装前进行安全技术交底，使作业人员严格按操作规程、安装工艺、顺序进行安装

C. 加强现场管理，建立健全安全员责任制，加强安装过程的检查，消除隐患

D. 加强安全教育，提高管理人员和工人的安全意识及自身保护能力

［答案］(1) 正确；(2) D；(3) C；(4) ABC；(5) ABCD。

4. 某建筑工地，完成结构封顶后进行井架物料提升机的拆卸。为了省力和方便，在拆卸架体取下天梁后，用脚手架钢管代替天梁，临时安装天梁滑轮，2名无操作证的辅助工人，擅自进入吊笼，利用吊笼装运天梁，由于脚手架钢管的强度不够，又有明显的锈蚀，吊笼下降不多时，钢管严重弯曲，滑轮与钢管一同

从架体脱落，防坠安全装置又不起作用，吊笼从30m高处坠落，造成2人死亡。

(1)［判断］《龙门架及井架物料提升机安全技术规范》JGJ 88规定不包括使用脚手钢管和扣件做材料在施工现场临时搭设的井架，而是指采用型钢材料预制成标准件或标准节，到施工现场按照设计图纸进行组装的架体。(　　)

(2)［单选］物料提升机按照缆风绳的受力工况，必须采用钢丝绳（安全系数$K=3.5$），(　　)等其他材料替代。

A. 不允许采用钢丝绳

B. 不允许采用钢筋、多股铅丝

C. 麻索

D. 采用铅丝

(3)［单选］物料提升机司机每年应当参加不少于(　　)小时的安全生产教育。

A. 10　　B. 15　　C. 20　　D. 24

(4)［多选］试分析事故原因有(　　)。

A. 擅自使用脚手架钢管代替槽钢作天梁，是造成事故的直接原因

B. 物料提升机在任何情况下，都不得载人升降，本案例中2名作业人员违规乘坐吊笼上下

C. 2名作业人员均无证上岗，缺乏必要的安全和技能知识

D. 物料提升机司机违反操作规程，随意搭载人升降吊笼

(5)［多选］应采取的预防措施有(　　)。

A. 物料提升机的安装拆卸人员应认真执行持证上岗的规定，持证上岗是消除事故隐患的必要措施

B. 制定科学合理的拆卸方案，并进行现场的安全技术交底，严格遵守拆卸顺序和工艺进行操作

C. 要严格按照物料提升机安拆规定执行，对天梁、滑轮和钢丝绳等重要部件不得随意用其他物件替代

D. 加强现场管理和监督检查，尤其在提升机的安装和拆卸

阶段时刻提醒作业人员的安全意识

E. 积极组织司机参加技术培训和复审验证，不断提高技能和安全意识，使之自觉杜绝和抵制违章作业

[答案]（1）正确；（2）B；（3）D；（4）ABCD；（5）ABCDE。

5. 某建筑工程项目经理安排工人在物料提升机拆除之前，使用物料提升机进行落水管安装。当晚，5名作业人员加班，4人安装落水管，1人无操作证操作物料提升机。4名作业人员从第17层处进入物料提升机吊笼开始安装落水管，当安装到第12层（距地面32m）时，他们边安装边叫物料提升机操作人员将吊笼再提高一点，当司机提升吊笼过程中，提升机钢丝绳脱槽，被拉断。该提升机无断绳保护装置，当钢丝绳被拉断后，吊笼随即坠落地面。吊笼内4名作业人员随吊笼一同坠落地面，造成3人死亡，1人重伤。

（1）[判断] 对钢丝绳定期进行系统润滑，可保证钢丝绳的性能，延长使用寿命。（　　）

（2）[单选] 任何形式的防坠安全装置，当断绳或固定松脱时，吊笼锁住前的最大滑行距离，在满载情况下，不得超过（　　）m。

A. 2　　B. 3　　C. 4　　D. 1

（3）[单选] 下列属于物料提升机安全装置的是（　　）。

A. 交流接触器　　B. 熔断器

C. 继电器　　D. 安全停靠装置

（4）[多选] 试分析事故原因有（　　）。

A. 该项目经理违章指挥，安排作业人员进入提升机吊笼内进行作业，是造成本案的重要原因

B. 无断绳保护装置，当钢丝绳被拉断后，吊笼随即坠落地面

C. 施工单位管理混乱，设备管理制度不健全，现场作业人员缺乏必要的安全知识和自我保护意识

D. 操作人员未经培训，无证上岗，冒险蛮干

（5）［多选］施工中应采取的预防措施有（　　）。

A. 施工单位主要负责人和项目负责人应加强有关安全生产法律法规和技术规范学习，提高法制观念，防止出现违章指挥现象

B. 施工单位选用物料提升机等起重机械设备时应查验制造许可证、产品合格证、制造监督检验证明、产权备案证明，技术资料不齐全的不得使用

C. 过程严格按方案规定的工艺和顺序进行安装作业，安装完毕按规定进行调试、检验和验收

D. 特种作业人员必须接受专门安全技术培训，考核合格后持证上岗

［答案］（1）正确；（2）D；（3）D；（4）ABCD；（5）ABCD。

6. 某建筑工地，3 号楼为六层砖混结构。拟采用物料提升机运送物料，由于工期较短，任务较重，物料提升机在安装好后司机即进行了运送作业，结果导致吊篮坠落，幸好没有造成人员伤亡。后来，安检部门检测发现，吊篮采用单绳提升，试分析事故原因。

（1）［判断］根据《龙门架及井架物料提升机安全技术规范》JGJ 88—2010 的要求，不能使用单绳提升重物（　　）。

（2）［单选］连墙杆选用的材料应与提升机架体材料相适应，连接点紧固合理，与建筑结构的连接处应在（　　）中有预埋（预留）措施。

A. 作业指导书　　B. 施工方案

C. 技术交底　　D. 施工日志

（3）［多选］物料提升机的安装高度不宜超过 30m，当超过 30m 时除了应具有起重量限制、防坠保护、停层及限位功能外，还应具备（　　）功能。

A. 自动停层　　B. 防坠安全器应为瞬时式

C. 语音及影像信号　　D. 自升降安拆

（4）［多选］物料提升机在使用前要进行（　　）试验。

A. 试验前编制试验方案，并对提升机和试验场地进行全面检查，确认符合要求

B. 空载试验，在空载情况下按照提升机正常工作时需做的各种动作，包括上升、下降、变速、制动等，在全程范围内以各种工作速度反复试验，不少于3次。并同时试验各安全装置的灵敏度

C. 额定荷载试验，吊篮内按设计规定的荷载，按偏心位置1/6处加入，然后按空载试验动作反复进行，不少于3次

D. 试验中检查动作和安全装置的可靠性，有无异常现象，金属结构不得出现永久变形、可见裂纹、油漆脱落、节点松动以及振颤、过热等现象

E. 将组装后检验的结果和试验过程中检验的情况按照要求认真填写记录，最后由参加试验的人员签字确认是否符合要求

(5)［多选］物料提升机安装前，以下做法正确的有(　　)。

A. 安装负责人应依据专项安装方案对安装作业人员进行安全技术交底

B. 相关人员应确认物料提升机的结构、零部件和安全装置经出厂检验，并符合要求；应确认物料提升机的基础已验收，并符合要求

C. 安装单位应明确作业警戒区，并设专人监护

D. 相关人员应确认辅助安装起重设备及工具经检验检测，并符合要求

［答案］(1) 正确；(2)B；(3)ACD；(4)ABCDE；(5)ABCD。

参考文献

[1] 住房和城乡建设部工程质量安全监管司. 物料提升机司机[M]. 北京：中国建筑工业出版社，2009.

[2] 叶琦. 建筑起重机械司机(物料提升机)[M]. 北京：中国劳动社会保障出版社，2011.